高等职业教育土建类专业"十四五"新形态系列教材

U0742968

铁路工程测量

TIELU GONGCHENG
CELIANG

主 编 谭向荣 黄小兵 张鹏飞

中南大学出版社
www.csupress.com.cn

内容简介

本书由施工测量的基本工作、铁路中线测量、铁路线路断面测量、既有线测量、施工测量、高速铁路测量、工程变形监测 7 个学习单元组成。全书结合铁路工程测量现场，参照《工程测量标准》（GB 50026—2020），以突出学生的实践操作和综合应用能力为宗旨，强调学生操作技能的培养，最终实现提高学生解决工程实际问题的能力的目的。

本书可以作为铁道工程技术专业工程测量课程的教材，也可作为公路、城市轨道等交通土建类专业工程测量课程教学参考用书，以及交通土建方面工程测量技术人员培训或参考资料。

高等职业教育土建类专业"十四五"新形态系列教材编审委员会

主 任

（以姓氏笔画为序）

王运政	玉小冰	刘霁	刘孟良	李振	陈翼翔
郑伟	赵顺林	胡六星	彭浪	谢建波	颜昕

副主任

（以姓氏笔画为序）

王义丽	王超洋	艾冰	卢滔	朱健	向曙
刘可定	孙发礼	杨晓珍	李娟	李和志	李清奇
欧阳和平	项林	胡云珍	徐运明	黄金波	黄涛

委 员

（以姓氏笔画为序）

万小华	王四清	王凌云	邓慧	邓雪峰	龙卫国
叶姝	包蜃	邝佳奇	朱再英	伍扬波	庄运
刘天林	刘汉章	刘旭灵	许博	阮晓玲	孙光远
李云	李龙	李冰	李奇	李鲤	李为华
李亚贵	李丽田	李丽君	李海霞	李鸿雁	肖飞剑
肖恒升	何珊	何立志	佘勇	宋士法	宋国芳
张小军	张丽姝	陈晖	陈贤清	陈健玲	陈淳慧
陈婷梅	陈蓉芳	易红霞	金红丽	周伟	周怡安
赵亚敏	贾亮	徐龙辉	徐猛勇	高建平	郭喜庚
唐文	唐茂华	黄郎宁	黄桂芳	曹世晖	常爱萍
梁鸿颉	彭飞	彭子茂	蒋荣	蒋买勇	曾维湘
曾福林	谢淑花	熊宇璟	樊淳华	魏丽梅	魏秀瑛

出版说明 INSTRUCTIONS

遵照《国务院关于加快发展现代职业教育的决定》（国发〔2014〕19号）提出的"服务经济社会发展和人的全面发展，推动专业设置与产业需求对接，课程内容与职业标准对接，教学过程与生产过程对接，毕业证书与职业资格证书对接"的基本原则，为全面推进高等职业院校土建类专业教育教学改革，促进高端技术技能型人才的培养，依据国家高职高专教育土建类专业教学指导委员会制定的《高职高专土建类专业教学基本要求》，通过充分的调研，在总结吸收国内优秀高等职业教育教材建设经验的基础上，我们组织编写和出版了这套高等职业教育土建类专业新形态系列教材。

高等职业教育教学改革不断深入，土建行业工程技术日新月异，相应国家标准、规范，行业、企业标准、规范不断更新，作为课程内容载体的教材也必然要顺应教学改革和新形势的变化，适应行业的发展变化。教材建设应该按照最新的职业教育教学改革理念构建教材体系，探索新的编写思路，编写出版一套全新的、高等职业院校普遍认同的、能引导土建专业教学改革的新形态系列教材。为此，我们成立了教材编审委员会。教材编审委员会由全国30多所高职院校的权威教授、专家、院长、教学负责人、专业带头人及企业专家组成。编审委员会通过推荐、遴选，聘请了一批学术水平高、教学经验丰富、工程实践能力强的骨干教师及企业专家组成编写队伍。

本套教材具有以下特色：

1. 遵循《"十四五"职业教育规划教材建设实施方案》，坚持立德树人，落实课程思政。

2. 教材依据国家高职高专教育土建类专业教学指导委员会制定的《高职高专土建类专业教学基本要求》编写，体现科学性、创新性、应用性，体现土建类教材的综合性、实践性、区域性、时效性等特点。

3. 适应高职高专教学改革的要求，以职业能力为主线，采用行动导向、任务驱动、项目载体，教、学、做一体化模式编写，按实际岗位所需的知识能力来选取教材内容，实现教材与工程实际的零距离"无缝对接"。

4. 体现先进性特点。将土建学科的新成果、新技术、新工艺、新材料、新知识纳入教材，结合最新国家标准、行业标准、规范编写。

5. 教材内容与工程实际紧密联系。教材案例选择符合或接近真实工程实际，有利于培养学生的工程实践能力。

6. 以社会需求为基本依据，以就业为导向，融入建筑企业岗位(八大员)职业资格考试、国家职业技能鉴定标准的相关内容，实现学历教育与职业资格认证相衔接。

7. 教材体系立体化。为了方便教师教学和学生学习，本套教材建立了多媒体教学电子课件、电子图集、教学指导、教学大纲、案例素材等教学资源支持服务平台；教材采用了融媒体形式出版，读者扫描书中的二维码，即可阅读丰富的工程图片、演示动画、操作视频、工程案例、拓展知识等。

高等职业教育土建类专业新形态系列教材

编 审 委 员 会

前 言 PREFACE

到 2025 年，我国铁路网规模将达到 17.5 万公里，其中高速铁路 3.8 万公里左右。测量作为高铁建设的关键技术之一，承担着高铁建设、运营维护的重要职责。现在涉及工程测量的教材很多，但全面系统地涵盖铁路工程测量的教材却很少，尤其有关高速铁路测量的就更少。我们出版的《铁路工程测量》可以作为铁道工程技术专业工程测量课程的教材，也可作为公路、城市轨道等交通土建类专业工程测量课程教学参考用书，以及交通土建方面工程测量技术人员培训或参考资料。

本书为一本理实一体化的新形态教材。根据职业岗位需求，本书突破传统的体系模式，强化技能训练，融入了新技术、新设备、新规范，使学生掌握铁路工程测量必备的专业知识。本书由施工测量的基本工作、铁路中线测量、铁路线路断面测量、既有线测量、施工测量、高速铁路测量、工程变形监测 7 个学习单元组成。全书结合铁路工程测量现场，参照《工程测量标准》(GB 50026—2020)，以突出学生的实践操作和综合应用能力为宗旨，强调学生操作技能的培养，最终实现提高学生解决工程实际问题的能力的目的。

本书由湖南高速铁路职业技术学院谭向荣、黄小兵和湖南交通职业技术学院张鹏飞任主编，其中单元一主要由付彬和秦立朝编写，单元二主要由雷伟和张鹏飞编写，单元三主要由张进锋和张同文编写，单元四主要由陈鼎和黄小兵编写，单元五主要由郑智华和李术希编写，单元六由齐昌洋和王桔林编写，单元七主要由谭向荣和颜佳莉编写，湖南高速铁路职业技术学院马长清、雷君参与部分内容的编写和讨论工作。在此向所有的编者表示感谢。

由于编者水平有限，加之时间仓促，书中难免存在一些错误及不足之处，恳请读者批评指正。

编者

2023 年 7 月

目 录 CONTENTS

单元一　施工测量的基本工作

一、概述

(一)施工测量的目的和内容

施工测量的目的是把图纸上设计的建(构)筑物的平面位置和高程,按设计和施工要求放样(测设)到相应的地点,作为施工的依据,用以指导和衔接各施工阶段和工种间的施工。

施工测量贯穿于整个施工过程。其主要内容有:

(1)施工前建立与工程相适应的施工控制网。

(2)建(构)筑物的放样及构件与设备的安装测量工作,以确保施工质量符合设计要求。

(3)检查和验收工作。每道工序完成后,都要通过测量检查工程各部位的实际位置和高程是否符合要求,根据实测验收的记录,编绘竣工图和资料,作为验收时鉴定工程质量和工程交付后管理、维修、扩建、改建的依据。

(4)变形监测工作。随着施工的进展,测定建(构)筑物的位移和沉降,作为鉴定工程质量和验证工程设计、施工是否合理的依据。

(二)施工测量的特点和原则

1.施工测量的特点

(1)施工测量是直接为工程施工服务的,因此它必须与施工组织计划相协调。测量人员必须了解设计的内容、性质及其对测量工作的精度要求,随时掌握工程进度及现场变动,使测设精度和速度满足施工的需要。

(2)施工测量的精度主要取决于建(构)筑物的大小、性质、用途、材料、施工方法等因素。

(3)施工测量的质量将直接影响建(构)筑物的正确性,所以施工测量应建立健全检查制度。例如,在熟悉图纸的同时,应核对图上分尺寸与总尺寸的一致性等,如发现问题立即提出;放样之前检查放样数据的正确性,放样之后复查成果的可靠性;检查内、外业成果都无差错后,方能将成果交付施工。

(4)由于施工现场各工序交叉作业、材料堆放、运输频繁、场地变动及施工机械的振动,测量标志易遭破坏,因此,测量标志从形式、选点到埋设均应考虑便于使用、保管和检查,如有破坏,应及时恢复。

2.施工测量的原则

施工现场上有各种建(构)筑物,且分布较广,往往也不是同时开工。为了保证各个建

(构)筑物在平面位置和高程都符合设计要求,互相连成统一的整体,施工测量和测绘地形图一样,也要遵循"从整体到局部,先控制后碎部"的原则。即先在施工现场建立统一的平面控制网和高程控制网,然后以此为基础,测设出各个建(构)筑物的位置。施工测量的检核工作也很重要,必须采用各种不同的方法加强外业和内业的检核工作。

(三)施工测量的准备工作

施工测量需做好以下准备工作:

(1)在施工测量之前,应建立健全测量组织和检查制度,并核对设计图纸,检查总尺寸和分尺寸是否一致,总平面图和大样详图尺寸是否一致,不符之处要向设计单位提出,进行修正。

(2)然后对施工现场进行实地勘察,根据实际情况编制测设详图,计算测设数据。

(3)对施工测量所使用的仪器、工具应进行检验校正,否则不能使用。

(4)工作中必须注意人身和仪器的安全,特别是在高空和危险地区进行测量时,必须采取防护措施。

二、高程、距离、角度的施工放样

任何建(构)筑物都由点、线、面构成。施工测量的基本工作是根据已知点的位置(平面坐标和高程)来确定未知点的位置,实质上是确定点间的相对位置或者确定点的绝对位置。常用测设方法最终都转化为水平距离、水平角度和高程的测设。

(一)高程放样

1. 水准仪法

测设已知高程就是根据已知点的高程,通过引测,把设计高程标定在固定的位置上。如图1-1所示,已知高程点 A,其高程为 H_A,需要在 B 点标定出已知高程为 H_B 的位置。方法是在 A 点和 B 点中间安置水准仪,精平后读取 A 点的标尺读数 a,则仪器的视线高程为 $H_i = H_A + a$,由图可知测设已知高程为 H_B 的 B 点标尺读数应为 $b = H_i - H_B$。将水准尺紧靠 B 点木桩的侧面上下移动,直到尺上读数为 b 时,沿尺底端在木桩上画一横线,此线即为设计高程 H_B 的位置。测设时应始终保持水准管气泡居中。

在建筑设计和施工中,为了计算方便,通常把建(构)筑物的室内设计地坪高程用±0表示,建筑物的基础、门窗等高程都是以±0为依据进行测设。因此,首先要在施工现场利用测设已知高程的方法测设出室内设计地坪高程的位置。

在地下坑道施工中,高程点通常设置在坑道顶部。通常规定当高程点位于坑道顶部时,在进行水准测量时水准尺均应倒立在高程点上。如图1-2所示,A 点为已知高程 H_A 的水准点,B 点为待测设高程 H_B 的点位,由于 $H_B = H_A + a + b$,则在 B 点应有标尺读数 $b = H_B - (H_A + a)$。因此,将水准尺倒立并紧靠 B 点木桩上下移动,直到尺上读数为 b 时,在尺底画出设计高程 H_B 的位置。

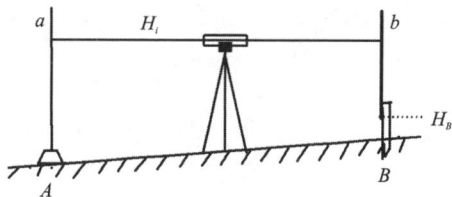

图 1-1　已知高程测设

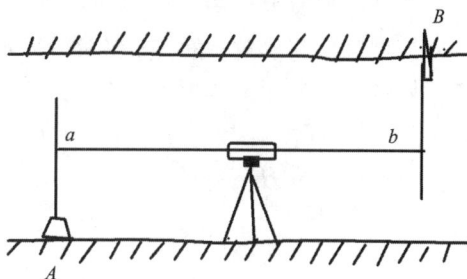

图 1-2　高程点在顶部的测设

同样，对于多个测站的情况，也可以采用类似分析和解决方法。如图 1-3 所示，A 点为已知高程 H_A 的水准点，C 点为待测设高程 H_C 的点位，由于 $H_C = H_A - a - b_1 + b_2 + c$，则在 C 点应有标尺读数 $c = H_C - (H_A - a - b_1 + b_2)$。

当待测设点与已知水准点的高差较大时，则可以采用悬挂钢尺的方法进行测设。如图 1-4 所示，钢尺悬挂在支架上，零端向下并挂一重

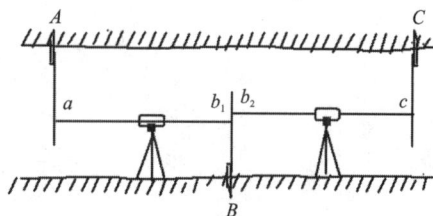

图 1-3　多个测站高程点测设

物。A 点为已知高程 H_A 的水准点，B 点为待测设高程 H_B 的点位。在地面和待测设点位附近安置水准仪。分别在标尺和钢尺上读数 a_1、b_1 和 a_2。由于 $H_B = H_A + a_1 - (b_1 - a_2) - b_2$，则可以计算出 B 点处标尺的读数 $b_2 = H_A + a_1 - (b_1 - a_2) - H_B$。同样，图 1-5 所示情形也可以采用类似方法进行测设，即计算出前视读数 $b_2 = H_A + a_1 + (a_2 - b_1) - H_B$，再画出已知设计 H_B 的标志线。

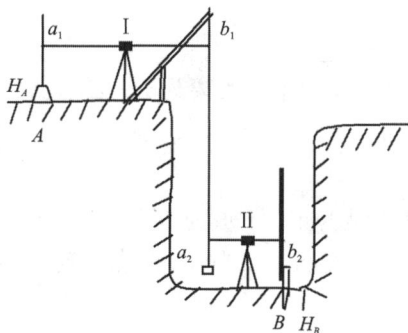

图 1-4　测设建筑基底高程

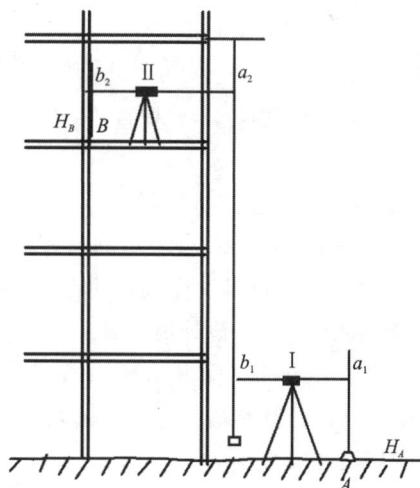

图 1-5　测设建筑楼层高程

3

2. 全站仪无仪器高法

对一些高低起伏较大的工程放样，用水准仪放样比较困难，这时可用全站仪无仪器高法直接放样高程。如图1-6所示，为了放样高处目标点 B 的高程，在 O 处架设全站仪，后视已知点 A(设目标高为 l，当目标采用反射片时 $l=0$)，测得 OA 的距离 S_1 和垂直角 α_1，计算 O 点全站仪中心的高程 H_O 为：

$$H_O = H_A + l - VD_1$$

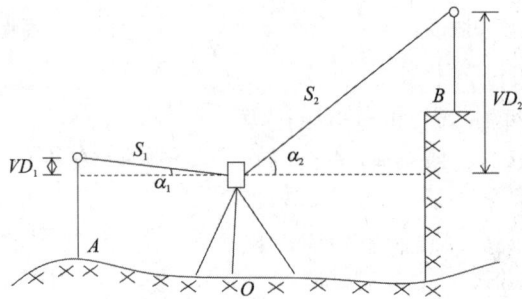

图1-6 全站仪无仪器高法

然后测得 OB 的距离 S_2 和垂直角 α_2，计算出 B 点的高程 H_B 为：

$$H_B = H_O - l + VD_2 = H_A - VD_1 + VD_2$$

将测得的 H_B 与设计值比较，指挥并放样出高程 B 点。可以看出此方法不需要测定仪器高，因而用无仪器高法同样具有很高的放样精度。

必须指出：当测站与目标点之间的距离超过150 m以上时，高差应该考虑大气折光和地球曲率的影响，即

$$\Delta h = D \tan \alpha + (1 - k) \frac{D^2}{2R}$$

式中：D 为水平距离；α 为垂直角；k 为大气垂直折光系数，$k=0.14$；R 为地球曲率半径，$R=6370$ km。

3. 已知坡度的高程放样

如图1-7所示，已知 A 点的高程为 H_A，A、B 两点之间的水平距离为 D，要求从 A 点沿 AB 方向测设一条设计坡度为 δ 的直线 AB，即在 AB 方向上定出1、2、3、4、B 各桩点，使各桩桩顶连线的坡度等于设计坡度 δ。

计算出 B 点的高程 $H_B = H_A + (D \times \delta)$。设计坡度 δ：上坡为正，下坡为负。

按照测设已知高程的方法，把 B 点的设计高程测设到木桩上，则 AB 两点的连线的坡度等于已知设计坡度 δ。

A 点安置水准仪，一个脚螺旋在 AB 线上，另两个脚螺旋的连线大致与 AB 线垂直。量取仪器高 i，照准 B 点水准尺，旋转在 AB 线上的脚螺旋，使 B 点桩上水准尺上的读数等于 i，此时仪器的视线即为设计坡度线。

在 AB 中间各点打上木桩，并在桩上立尺使读数皆为 i，各桩桩顶的连线就是测设坡度线。

当设计坡度较大时，可利用经纬仪定出中间各点。

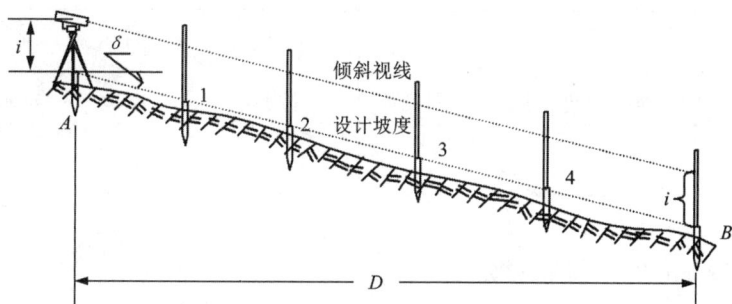

图 1-7　已知坡度的高程放样

（二）距离放样

测设已知水平距离是从地面一已知点开始，沿已知方向测设出给定的水平距离以定出第二个端点的工作。

1. 钢尺测设已知水平距离

在地面上，由已知点 A 开始，沿给定方向，用钢尺量出已知水平距离 D 定出 B 点。为了校核与提高测设精度，在起点 A 处改变读数，按同法量已知距离 D 定出 B' 点。由于量距有误差，B 与 B' 两点一般不重合（图 1-8），其相对误差在允许范围内时，则取两点的中点作为最终位置。

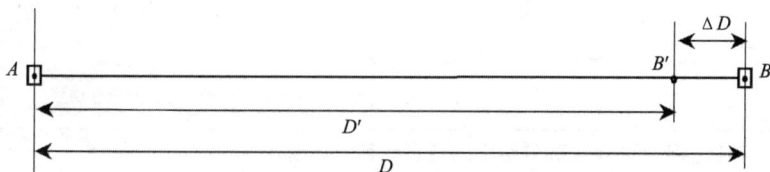

图 1-8　水平距离的放样

当水平距离的测设精度要求较高时，按照上述一般方法在地面测设出水平距离后，还应加上尺长、温度和高差改正值，但改正值的符号与精确量距时符号相反。

2. 全站仪放样距离

全站仪放样已知水平距离的方法与用钢尺测设已知水平距离的方法大致相同。全站仪瞄准位于 B 点附近的棱镜，当实测的水平距离 D' 等于待测设的已知水平距离 D 时，即可定出 B 点。为了检核，将棱镜置于 B 点，测量 AB 的水平距离，若不符合要求，则再次改正，直至误差在允许范围内为止。

全站仪放样可显示出测量的距离与输入的放样距离之差：

测量距离-放样距离=显示值

以南方 NTS-352 全站仪为例，全站仪距离放样程序操作过程见表 1-1。

表 1-1　全站仪距离放样程序操作过程

操作过程	操作	显示
①在距离测量模式下按F4(↓)键,进入第2页功能	按 F4	HR: 170° 30′ 20″ HD: 566.346 m VD: 89.678 m 测量　模式　S/A　P1↓ 偏心　放样　m/f/i　P2↓
②按F2(放样)键,显示出上次设置的数据	按 F2	放样 HD: 0.000 m 平距　高差　斜距　---
③按F1~F3键选择测量模式 F1:平距;F2:高差;F3:斜距＊1)＊2) 例:水平距离	按 F1	放样 HD: 0.000 m 输入　---　---　回车
④输入放样距离350 m　＊3)	按 F1; 输入 350; 按 F4	放样 HD: 350.000 m 输入　---　---　回车
⑤照准目标(棱镜)测量开始,显示出测量距离与放样距离之差	照准 P	HR: 120° 30′ 20″ dHD＊[r]　≪ m VD:　m 输入　---　---　回车
⑥移动目标(棱镜),直至距离差等于0 m为止		HR: 120° 30′ 20″ dHD＊[r]　25.688 m VD: 2.876 m 测量　模式　S/A　P1↓

注:＊1)放样时可选择平距、高差和斜距中的任意一种放样模式。

＊2)HD、SD、VD、dHD分别为平距、斜距、垂距、平距差。

＊3)若要返回到正常的距离测量模式,可设置放样距离为0 m或关闭电源。

(三)角度放样

测设已知水平角就是根据一已知方向测设出另一方向,使它们的夹角等于给定的设计角值。按测设精度要求不同,水平角的测设分为一般方法和精确方法。

1. 一般方法

当测设水平角精度要求不高时,可采用此法,即用盘左、盘右取平均值的方法。如图 1-9 所示,设 OA 为地面上已有方向,欲测设水平角 β,在 O 点安置经纬仪,以盘左位置瞄准 A 点,配置水平度盘,读数为 0。转动照准部使水平度盘读数恰好为 β 值,在视线方向定出 B_1 点。然后用盘右位置,重复上述步骤定出 B_2 点,取 B_1 和 B_2 中点 B,则

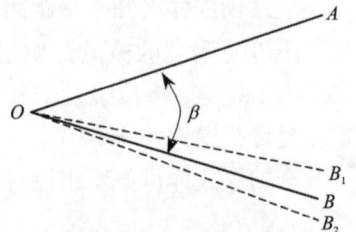

图 1-9　一般方法测设水平角

∠AOB 即为测设的 β 角。该方法也称为盘左、盘右分中法。

2. 精确方法

当测设精度要求较高时,可采用精确方法测设已知水平角。如图 1-10 所示,安置经纬仪于 O 点,按照上述一般方法测设出已知水平角 ∠AOB′,定出 B′点。然后较精确地测量 ∠AOB′的角值,一般采用多个测回取平均值的方法,设平均角值为 β′,测量出 OB′的距离。按下式计算 B′点处 OB′线段的垂距 B′B。

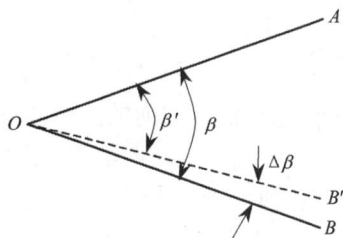

图 1-10 精确方法测设水平角

$$B'B = \frac{\Delta\beta''}{\rho} \cdot OB' = \frac{\beta - \beta'}{206265''} \cdot OB'$$

式中:ρ 为弧度对应秒值,约等于 206265″。

然后,从 B′点沿 OB′的垂直方向调整垂距 B′B,∠AOB 即为 β 角。如图 1-10 所示,若 $\Delta\beta>0$ 时,则从 B′点往外调整 B′至 B 点;若 $\Delta\beta<0$ 时,则从 B′点往内调整 B′至 B 点。

三、点位放样

点的平面位置测设是根据已布设好的控制点的坐标和待测设点的坐标反算出测设数据,即控制点和待测设点之间的水平距离和水平角,再测设标定出设计点位。根据所用的仪器设备、控制点的分布情况、测设场地地形条件及测设点精度要求等,可以采用以下几种方法进行测设。

(一)极坐标法

极坐标法是在控制点根据一个水平角和一段水平距离来测设点的平面位置。在控制点与测设点间便于钢尺量距的情况下,采用此法较为适宜,而利用测距仪或全站仪测设水平距离,则没有此项限制,且工作效率和精度都较高。

如图 1-11 所示,$A(x_A, y_A)$,$B(x_B, y_B)$ 为已知控制点,$1(x_1, y_1)$ 为待测设点。根据已知点坐标和测设点坐标,按坐标反算方法求出测设数据,即

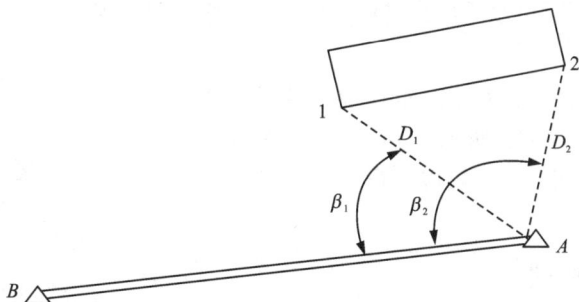

图 1-11 极坐标测设点位

$$\alpha_{AB} = \arctan\frac{y_B-y_A}{x_B-x_A}$$

$$\alpha_{A1} = \arctan \frac{y_1 - y_A}{x_1 - x_A}$$

$$\beta = \alpha_{AB} - \alpha_{A1}$$

$$D_{A1} = \sqrt{(y_1 - y_A)^2 + (x_1 - x_A)^2}$$

式中：α_{AB} 为 AB 方向的坐标方位角；α_{A1} 为 $A1$ 方向的坐标方位角；β 为 AB 方向与 $A1$ 方向所夹的水平角；D_{A1} 为 1 点到 A 点的水平距离。

测设时，经纬仪安置在 A 点，后视 B 点，置度盘为零，按盘左、盘右分中法测设水平角 β 定出 1 点方向，沿此方向测设水平距离 D_{A1}，则可以在地面标定出设计点位 1 点。

(二)交会法

1.前方交会法

前方交会法分为角度交会法和距离交会法。

角度交会法，是在两个控制点上分别安置经纬仪，根据相应的水平角测设出相应的方向，根据两个方向交会定出点位。此法适用于测设点离控制点较远或量距有困难的情况。

如图 1-12 所示，根据控制点 A、B 和测设点 1、2 的坐标，反算测设数据 β_{A1}、β_{A2}、β_{B1}、β_{B2} 角值。将经纬仪安置在 A 点，瞄准 B 点，利用 β_{A1}、β_{A2} 角值按照盘左、盘右分中法，定出 $A1$、$A2$ 方向线，并在其方向线上的 1、2 两点附近分别打上两个木桩(俗称骑马桩)，桩上钉小钉并用细线拉紧，以表示方向 $A1$、$A2$。然后，在 B 点安置经纬仪，同法定出 $B1$、$B2$ 方向线。根据 $A1$ 与 $B1$、$A2$ 与 $B2$ 方向线可以分别定出 1、2 两点，即为待测设点的位置。

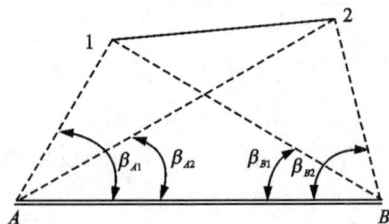

图 1-12　角度交会法

当然，也可以利用两台经纬仪分别在 A、B 两个控制点同时设站，测设出方向线后标定出 1、2 两点。

检核时，可以采用丈量实地 1、2 两点之间的水平边长，并与 1、2 两点设计坐标反算出的水平边长进行比较。

距离交会法同理，通过水平距离 $A1$、$B1$ 可定出点 1 的位置。

2.角度侧方交会法

若两个已知点中有一个不能安置仪器，可以采用角度侧方交会法。如图 1-13 所示，在已知点 A 和未知点 P 上设站，放样角 α 和 $\angle P$，可以放样出点 P 的实地位置。

(三)全站仪坐标法

全站仪坐标测设，是根据控制点和待测设点的坐标定出点位。

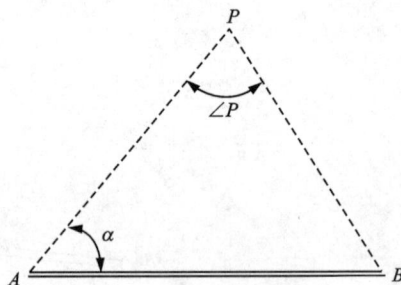

图 1-13　角度侧方交会法

首先，仪器置于控制点，进入坐标放样模式。然后，输入控制点和测设点的坐标，一人持移动棱镜杆于待测设点附近。望远镜照准棱镜，根据全站仪显示出棱镜位置与测设点的坐标差，移动棱镜，直到坐标差值等于零。此时，棱镜位置即为测设点的点位。为了能够发现错误，每个测设点位置确定后，可以再测定其坐标作为检核。

以南方 NTS-352 全站仪为例，全站仪坐标放样程序操作过程如下。

（1）设置测站点：可采用直接输入测站点坐标（表 1-2）。

表 1-2

操作过程	操作	显示
①在放样菜单 1/2 下按 F1（测站点号输入）键，即显示原有数据	按 F1	测站点 点号：_____ 输入　调用　坐标　回车
②按 F3（坐标）键	按 F3	N: 0.000 m E: 0.000 m Z: 0.000 m 输入 ---- 点号 回车
③按 F1（输入）键，输入坐标值，按 F4（ENT）键 *1)	按 F1； 输入坐标值； 按 F4	N: 10.000 m E: 25.000 m Z: 63.000 m 输入 ---- 点号 回车
④按同样方法输入仪器高，显示屏返回到放样菜单 1/2 *2)	按 F1； 输入仪高； 按 F4	仪器高 输入 仪高: 0.000 m 输入 ---- ---- 回车
⑤返回放样菜单	按 F1； 输入； 按 F4	放样　1/2 F1：输入测站点 F2：输入后视点 F3：输入放样点 P↓

*1) *2)若无须放高程，可不输入高程和仪高。

（2）设置后视点：可采用直接输入后视点坐标（表 1-3）。

表 1-3

操作过程	操作	显示
①在放样菜单 1/2 按 F2（后视）键，即显示原有数据	按 F2	后视 点号 = : 输入　调用　NE/AZ　回车
②按 F3（NE/AZ）键	按 F3	N_> 0.000 m E: 0.000 m 输入 --- 点号 回车

续表1-3

操作过程	操作	显示
③按F1(输入)键,输入坐标值;按F4(回车)键	按F1; 输入坐标值; 按F4	后视 H(B)= 120°30′20″ ＞照谁? [是] [否]
④照准后视点	照准后视点	
⑤按F3(是)键,显示屏返回到放样菜单1/2	按F3	放样 1/2 F1:输入测站点 F2:输入后视点 F3:输入放样点 P↓

（3）实施放样：有两种方法可供选择，即通过点号调用内存中的坐标值和直接输入坐标值。

例：调用内存中的坐标值（表1-4）。

表1-4

操作过程	操作	显示
①由放样菜单1/2按F3(放样)键	按F3	放样 1/2 F1:输入测站点 F2:输入后视点 F3:输入放样点 P↓ 放样 点号:—————— 输入 调用 坐标 回车
②按F1(输入)键,输入点号＊1),按F4(ENT)键	按F1; 输入点号; 按F4	镜高 输入 镜高: 0.000 m 输入 --- --- 回车

③按同样方法输入反射镜高,＊2)当放样点设定后,仪器就进行放样元素的计算
HR:仪器到放样点的方位角计算值
HD:仪器到放样点的水平距离计算值
	按F1;
	输入镜高;
	按F4
		计算
		  HR: 120°09′30″
		  HD: 245.777 m
		角度 距离 --- ---

④照准棱镜,按F1(角度)键
点号:放样点
HR:实际测量的水平角
dHR:对准放样点仪器应转动的水平角 =实际方位角-计算的方位角
当dHR=0°00′00″时,即表明放样方向正确
	调节照准部;
	使用水平制动和微动调节dHR;
	按F1
		点号:LP-100
		  HR: 2°09′30″
		  dHR: 22°39′30″
		距离 --- 坐标 ---

10

续表1-4

操作过程	操作	显示
⑤按 F1(距离)键 HD:实测的水平距离 dHD:对准放样点尚差的水平距离=实测平距−计算平距	按 F1; 放样棱镜远近调整	HD*[r] ＜m dHD: m dZ: m 模式 角度 坐标 继续 HD* 245.777 m dHD: -3.223 m dZ: -0.067 m 模式 角度 坐标 继续
⑥按 F1(模式)键进行精测	按 F1	HD*[r] ＜m dHD: m dZ: m 模式 角度 坐标 继续 HD* 244.789 m dHD: -3.213 m dZ: -0.047 m 模式 角度 坐标 继续
⑦当显示值 dHR、dHD 和 dZ 均为 0 时,则放样点的测设已经完成＊3)	放样完成,在地面标记出放样点位置	
⑧按 F3(坐标)键,即显示坐标值	按 F3	N: 12.322 m E: 34.286 m Z: 1.5772 m 模式 角度 ––– 继续
⑨按 F4(继续)键,进入下一个放样点的测设	按 F4	放样 点号: _____ 输入 调用 坐标 回车

注:＊1)若文件中不存在所需的坐标数据,则无须输入点号。

＊2)若无须放样高程,可不设置棱镜高。

＊3)若无须放样高程,dZ 可不为 0。

(四)GNSS RTK 法

GNSS RTK 是一种全天候、全方位的新型测量仪器,是目前实时、准确地确定待放点位置的最佳方式。它需要一台基准站和一台流动站接收机以及一台用于数据传输的电台。GNSS RTK 定位技术是将基准站的相位观测数据及坐标信息通过数据链方式及时传送给流动站,流动站将收到的数据链连同自身采集的相位观测数据进行实时差分处理,从而获得流动站的实时三维坐标。流动站再将实时坐标与设计坐标相比较,从而指导放样。用 GNSS RTK 放样点位坐标基本流程如图 1-14 所示。

(1)在手簿中选择新建工程,输入工程名称之后,进入创建点界面。输入控制点点名以及点的三维坐标(N,E,H)和 WGS-84 的大地坐标。如果有一个控制点,就输入一个;有两

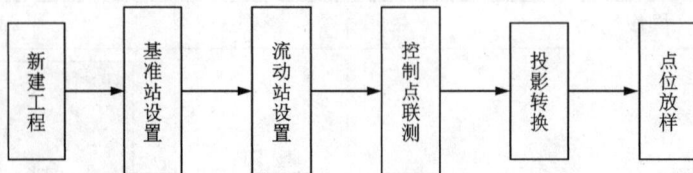

图 1-14　GNSS RTK 放样点位坐标基本流程

个，就输入两个，依此类推。也可把待放样点的三维坐标(N, E, H)全部输入。

（2）将基准站设在指定的点位上，可以是已知控制点，也可以是未知点；在纬度、经度和椭球高三栏中分别输入实际值，也可以读取当前 GNSS 坐标得到 GNSS 单点定位坐标；设置天线的型号和输入高程后进行基准站设置。

（3）进行流动站设置时，如果流动站用设置基准站的手簿，手簿上显示了基准站的坐标；如果流动站用另外一个手簿，基准站的坐标可点击"从基准站"获取，也可手工输入。

（4）控制点联测最少是两个控制点，最好是三个以上的控制点平均分布于测区。

（5）投影界面用来选择和解算投影转换，水平和垂直投影都选择地方投影转换。

（6）放样点位坐标时，可分别在列表、图形中选点或显示点的详细信息。点击"下一个"，可放样下一个点位。当前流动站位置距放样的目标点在 3 m 内时，手簿开始蜂鸣，提醒用户已经接近目标。

单元二 铁路中线测量

一、线路线型认识

铁路从总体上来看，是一种类似线状的建（构）筑物，如图 2-1 所示。测量上将其抽象为一条线，如图 2-2 所示，称作铁路中线，初学者可以将其看作两条钢轨的中心线，这条线就是定位铁路实物的依据。

图 2-1 铁路实物图

图 2-2 铁路抽象线型

铁路中线的线型有直线、圆曲线、缓和曲线。

（1）直线：一段线段，沿此线前进，方向不变，任意点前进方向的方位角为唯一值。

（2）圆曲线：一段圆弧，半径 R 为一固定值，沿此线前进，方向均匀改变。

（3）缓和曲线：一段螺旋线，半径从无穷大逐渐变为与其连接的圆曲线半径 R，位于直线和圆曲线之间，起顺接作用。

这几种线型按照直线与缓和曲线毗邻、圆曲线与缓和曲线毗邻的形式连接，以满足列车安全运行的需要。也就是我们直观上看到的铁路曲线部分，实际上是由中间圆曲线及两侧缓和曲线共 3 段曲线圆滑组成的，如图 2-3 所示。

不同线型的切合点对于铁路实物位置的控制至关重要，这些

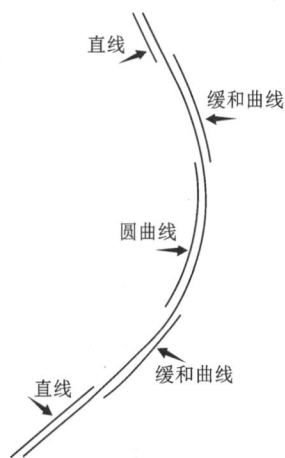

图 2-3 铁路线型组成

13

点分别命名为直缓点、缓圆点、圆缓点、缓直点，加上圆曲线的中点曲中点，一共 5 个点，称作铁路曲线的主点，又称为五大桩，为书写方便，以汉语拼音首字母简记为 ZH、HY、QZ、YH、HZ，如图 2-4 所示。随着测量仪器及测量方法的更新，曲中点的意义基本上被淡化。

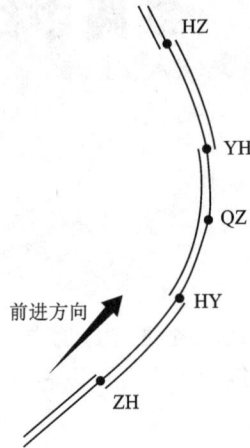

图 2-4　铁路曲线五大桩

除测量人员外，铁路上其他工作人员用里程来描述线路上某一点的位置。里程可以这样理解：从线路起点沿着线路中线走过的长度。即起点是 0 点，沿着线路向前走，里程逐渐增加，终点为大里程方向，起点为小里程方向。里程标记示例：DK32+108.745。当我们看到字母"DK"及数字组合，首先要明白它表示某一点里程，可以认为这个点距离起点的长度是 32 千米 108.745 米，标记中在千米后加一个"+"，目的是方便工作人员辨认千米数。

里程断链：里程标记的数字与实际长度不符时，称作断链，标记的数字称为桩号。断链有两种情况：标记数大于实际长度为短链，标记数小于实际长度为长链。整数里程为新的起始标准。例：DK32+107.825＝DK32+100 为长链，DK32+098.741＝DK32+100 为短链，如图 2-5 所示，从此点开始，大里程方向各点的里程以 DK32+100 重新累算标记。

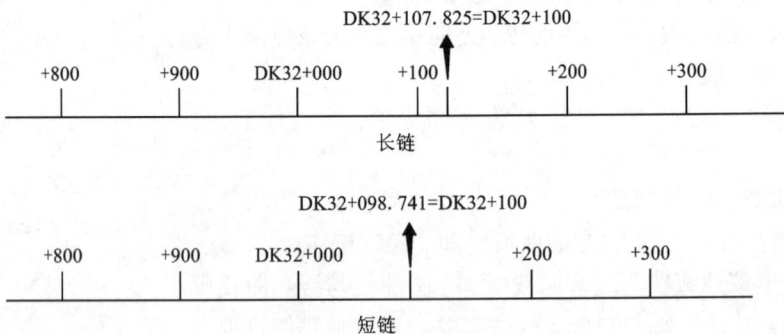

图 2-5　里程断链

二、曲线前直线段放样

每隔一定距离在地面上标出一些离散的点，通过设计图纸知道这些点在直线上，施工人员便以此为参照点进行施工。由于通过图纸已经事先知道这些点形成的图样为直线，故确定这些离散点在地面上位置的工作称为放样，也称作放线、测定。放样出的桩位目测应在一条直线上，如图 2-6 所示。

图 2-6　放样点

线路中桩坐标计算

给定一线路设计平曲线表，见表 2-1。

表 2-1　平曲线表 1

交点序号	交点里程	交点坐标		转向角		曲线半径 R /m
		北坐标 N(X)	东坐标 E(Y)	α_z	α_y	
QD	DK0+000	74750.721	56812.557	—	—	—
JD	DK0+083.481	74770.536	56893.652	—	25°40′56.58″	200
ZD	DK0+168.311	74752.635	56978.220	—	—	—

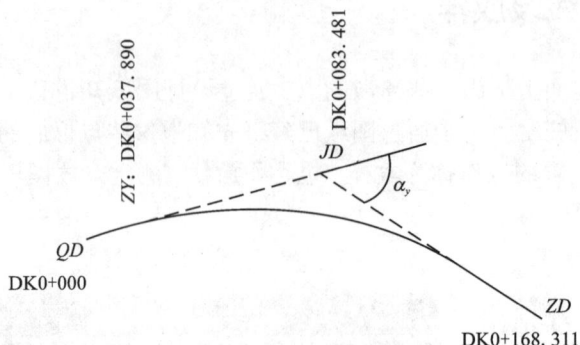

图 2-7　线路中线示意图 1

1. 图表解读

交点里程包括线路起点、线路终点及直线段延伸形成的交点。

交点坐标为与控制点处于同一坐标系中的统一坐标。

转向角为前一直线的延长线与下一直线延长线所夹的角，如图 2-7 所示；α_z、α_y，向右转弯即为右偏，向左转弯即为左偏，α 下标的 y 表示右，α 下标的 z 表示左。

曲线半径 R 为曲线中间段圆曲线的半径。

图中标出 ZY 点为直圆点，里程为 DK0+037.890，从此点开始，线路进入圆曲线，故 DK0+010 ~ DK0+037.890 为直线段。

2. 放样点里程

放样点里程：DK0+010。

3. 计算方法一

利用学生计算器计算。

(1) 通过 DK0+000 和 DK0+083.481 的坐标反算第一直线坐标方位角。

在计算器上输入程序 Pol(x 终点 − x 起点, y 终点 − y 起点)，即 Pol(74770.536 − 74750.721, 56893.652 − 56812.557)，依次按 " = " "RCL" "tan" "° ′ ″"，求得第一直线坐标方位角 $A_1 = 76°16'9.17''$。

(2) 计算待求点至起算点的距离。

$D = 10 - 0 = 10$ m

即待求点里程减起算点里程。

(3) 计算坐标。

$X = X_{QD} + D\cos A_1$

$= 74750.721 + 10\cos 76°16'9.17''$

$= 74753.095$

$Y = Y_{QD} + D\sin A_1$

$= 56812.557 + 10\sin 76°16'9.17''$

$= 56822.271$

16

4.计算方法二

利用手机 App 计算。

(1)通过 DK0+000 和 DK0+083.481 的坐标反算第一直线坐标方位角。

手机下载"建工计算器",按图 2-8 步骤操作。

图 2-8　坐标反算

起点坐标为 DK0+000 的坐标,终点坐标为 DK0+083.481 的坐标,点击"计算",即显示方位角。求得坐标方位角为 76°16′9.17″。

(2)求 DK0+000~DK0+010 的距离。

距离:$D = 10 - 0 = 10$ m。

(3)计算坐标。

选择"坐标正算",如图 2-9 所示,起点输入 DK0+000 的坐标,距离输入计算距离 10,方位角输入计算方位 76°16′9.17″,点击"计算",即显示计算坐标,X 坐标为 74753.095,Y 坐标为 56822.271。下面给出 DK0+020 的坐标(74755.468,56831.985),供读者验算。完成对应实训单元中桩坐标计算。

三、圆曲线主点里程计算

(一)曲线范围确定

本线路设计无缓和曲线,在铁路正线路中很少使用,在低等级的公路中使用较多,在教学中是一项基本内容,为后面学习常规铁路曲线奠定基础。

在此曲线中,有三个主点,分别为直圆点(ZY)、曲中点(QZ)、圆直点(YZ)。

通过计算主点里程,确定各曲线所处的位置。

图 2-9　坐标正算

曲线要素几何关系如图 2-10 所示。以表 2-1 数据为算例。

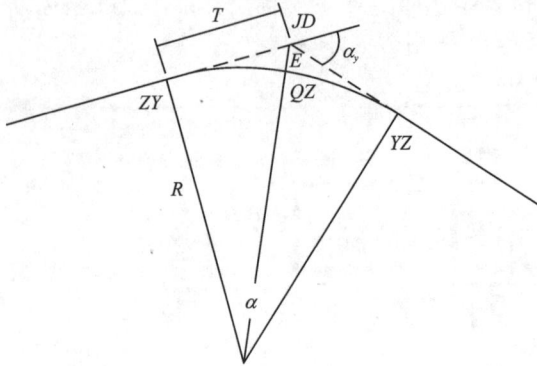

图 2-10　曲线要素 1

圆曲线对应圆心角 α 等于线路转向角 α_y。

切线长：ZY 点到 JD 点的距离，其与半径呈三角函数正切关系。

$T = R\tan(\alpha/2) = 45.591 \text{ m}$

圆曲线长：ZY 点到 YZ 点的线路长度，可用弧长公式计算。

$L_y = \pi R\alpha/180° = 89.649 \text{ m}$

切曲差：两段切线长与圆曲线长的差值。

$q = 2T - L_y = 1.533 \text{ m}$

外矢距 E：QZ 点到 JD 点的距离。

计算结果录入表 2-2。

表 2-2　曲线要素表 1

半径 R/m	切线长 T/m	圆曲线长 L_y/m	切曲差 q/m
200	45.591	89.649	1.533

(二)主点里程计算

ZY 点在 JD 点小里程方向，故里程减小，减小量为 ZY 点至 JD 点的长度，即切线长 T，故 ZY 点里程为：

ZY：$K_{JD} - T = \text{DK0} + 037.890$

QZ 点相对于 ZY 点在大里程方向，增加的里程为圆曲线长度的一半，故 QZ 点里程为：

QZ：$K_{ZY} + L_y/2 = \text{DK0} + 082.715$

YZ 点相对于 QZ 点在大里程方向，增加的里程为圆曲线长度的一半，故 YZ 点里程为：

YZ：$K_{QZ} + L_y/2 = \text{DK0} + 127.539$

从图 2-10 看，YZ 点在 JD 点大里程方向，其至 JD 点的距离为切线长 T，但线路是沿下

18

方圆曲线前进，而直接用 JD 点里程加 T，计算出的数据是沿切线前进的结果，并不是真实的线路里程，会增加切曲差 q，故 YZ 点的里程为：

检核：

YZ：$K_{JD} + T - q = \text{DK0} + 127.539$

通过主点里程的计算，得出 DK0+037.89～DK0+127.539 为圆曲线。

完成对应实训单元任务。

四、切线支距法放样圆曲线

首先放样切线上的两点；再根据切线与圆曲线的位置关系，计算圆曲线在切线上对应的长度和距离；利用测量仪器放样出圆曲线上点的位置，称为切线支距法。

切线上的点，一般选取 ZY、YZ、JD 点。要放样 ZY、YZ 点，先要计算这两点的坐标。

（一）ZY 点、YZ 点坐标计算

按以下步骤计算 ZY 点、YZ 点的坐标。

1. 反算两直线方位角

以表 2-1 数据为算例。

第一直线前进方向方位角：$A_1 = 76°16'9.17''$。

第二直线前进方向方位角：$A_2 = 101°57'6.15''$。

线路转向角：$\alpha_y = A_2 - A_1 = 25°40'56.98''$，与设计吻合。

2. ZY 点坐标计算

查表 2-2，切线长 $T = 45.591$ m。

$X_{ZY} = X_{JD} - T \cdot \cos A_1$
$\quad = 74770.536 - 45.591\cos 76°16'9.17''$
$\quad = 74759.715$

$Y_{ZY} = Y_{JD} - T \cdot \sin A_1$
$\quad = 56893.652 - 45.591\sin 76°16'9.17''$
$\quad = 56849.365$

3. YZ 点坐标计算

$X_{YZ} = X_{JD} + T \cdot \cos A_2$
$\quad = 74770.536 + 45.591\cos 101°57'6.15''$
$\quad = 74761.095$

$Y_{YZ} = Y_{JD} + T \cdot \sin A_2$
$\quad = 56893.652 + 45.591\sin 101°57'6.15''$
$\quad = 56938.254$

(二)建立坐标系

为方便表述圆曲线与切线的位置关系,以 ZY 点为坐标原点,以切线前进方向为 X 轴,建立坐标系,那么 ZY、JD 点在新建坐标系中的坐标分别为(0,0)、(45.591,0),圆曲线在切线上对应的长度为 x 坐标,支出的距离为 y 坐标,在此坐标系中计算出圆曲线的坐标。

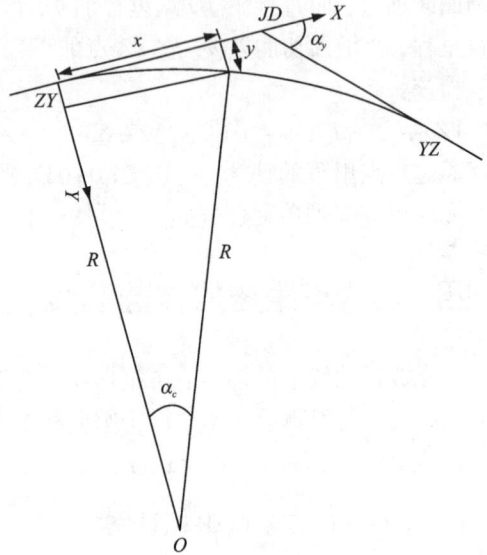

图 2-11 切线支距法坐标

圆曲线坐标计算:

坐标几何关系如图 2-11 所示。

切线角:$\alpha_c = 180l/\pi R$

式中:l 为 ZY 点到计算点的圆弧长度。

坐标:

$x = R \sin \alpha_c$

$y = R - R \cos \alpha_c$

计算以 20 m 为倍数的整桩号点,录入表 2-3。

表 2-3 圆曲线切线支距法坐标计算表

里程	l/m	α_c	x	y
ZY:DK0+037.890	—	—	0	0
DK0+040	2.110	0°36′16.09″	2.110	0.011
DK0+060	22.110	6°20′02.57″	22.065	1.221
DK0+080	42.110	12°03′49.05″	41.800	4.417
QZ:DK0+082.715	44.825	12°50′29.1″	44.450	5.002
DK0+100	62.110	17°47′35.54″	61.116	9.567
DK0+120	82.110	23°31′22.02″	79.823	16.620
YZ:DK0+127.539	89.649	25°40′57.17″	86.677	19.758

若曲线为左偏曲线,全站仪放样时 y 应加"-"。

(三)外业放样

(1)首先以地面测量控制点放样 ZY、JD、YZ 点,此时这三点的坐标为 ZY(74759.715,56849.365)、JD(74770.536,56893.652)、YZ(74761.095,56938.254)。

(2)然后以 ZY、JD 点作为控制点,依据计算数据放样圆曲线,此时坐标为 ZY(0,0)、

$JD(45.591,0)$。

YZ 点在上述过程中放样了两次，作为检核。

五、偏角法放样圆曲线

在 ZY 点、JD 点、YZ 点已经放样的基础上，仪器安置在 ZY 点，放样计算的偏角 θ 和距离 L，称为偏角法，几何关系如图 2-12 所示。

切线角：$a_c = 180l/\pi R$

式中：l 为 ZY 点到计算点的圆弧长度，计算结果为弧长对应的圆心角。

偏角 θ 为切线与弦线的夹角：

$\theta = a_c/2 = 90l/\pi R$

L 为弦长：

$L = 2R\sin\theta$

以表 2-1 数据为算例，计算以 20 m 为倍数的整桩号点，录入表 2-4。

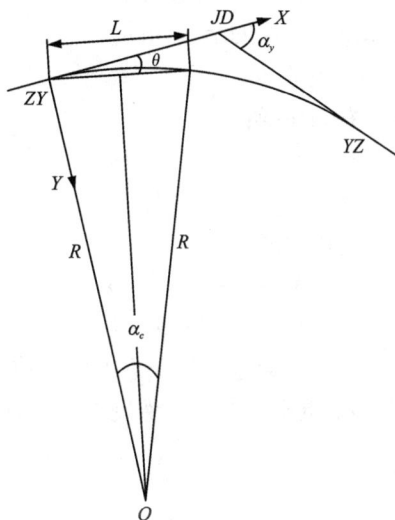

图 2-12 偏角法

表 2-4 圆曲线极坐标计算表

里程	l/m	θ	L/m
ZY：DK0+037.890	—	—	—
DK0+040	2.110	0°18′08.04″	2.110
DK0+060	22.110	3°10′01.28″	22.099
DK0+080	42.110	6°01′54.53″	42.032
QZ：DK0+082.715	44.825	6°25′14.55″	44.731
DK0+100	62.110	8°53′47.77″	61.861
DK0+120	82.110	11°45′41.01″	81.534
YZ：DK0+127.539	89.649	12°50′28.58″	88.900

六、坐标法放样圆曲线

将切线支距法计算的坐标或偏角法计算的弦长和偏角转换到线路统一坐标系中，利用线路附近的控制点进行放样，称为坐标法。将计算点与 ZY 点相连，长度用 L 表示，其与切线的夹角用 θ 表示，如图 2-13 所示。

21

$$\theta = \tan^{-1}(y/x)$$

$$L = \sqrt{(x^2 + y^2)}$$

式中：x、y 为切线支距法计算的坐标。此 θ、L 与偏角法计算的结果相同。

统一坐标：

右偏曲线：

$$X_{中} = X_{ZY} + L \cdot \cos(A_1 + \theta)$$

$$Y_{中} = Y_{ZY} + L \cdot \sin(A_1 + \theta)$$

左偏曲线：

$$X_{中} = X_{ZY} + L \cdot \cos(A_1 - \theta)$$

$$Y_{中} = Y_{ZY} + L \cdot \sin(A_1 - \theta)$$

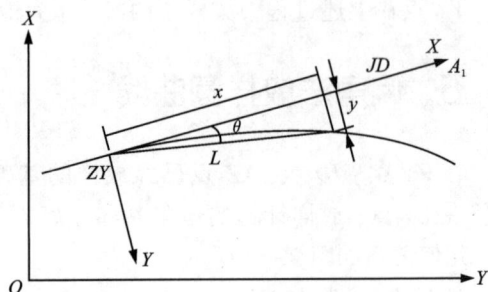

图 2-13　圆曲线统一坐标

式中：A_1 为第一直线前进方向方位角，以表 2-1 数据为算例，$A_1 = 76°16'9.17''$。

ZY 点坐标在上节例题中已经计算，计算结果录入表 2-5。

表 2-5　圆曲线坐标计算表

里程	x 查表 2-3	y 查表 2-3	θ $\tan^{-1}(y/x)$	L/m $K-K_{ZY}$	$X_{中}$ $X_{ZY}+L \cdot \cos(A_1+\theta)$	$Y_{中}$ $Y_{ZY}+L \cdot \sin(A_1+\theta)$
ZY：DK0+037.890	0	0	—	—	74759.715	56849.365
DK0+040	2.110	0.011	0°18'08.04''	2.110	74760.205	56851.416
DK0+060	22.065	1.221	3°10'01.28''	22.099	74763.766	56871.088
DK0+080	41.800	4.417	6°01'54.53''	42.032	74765.346	56891.018
QZ：DK0+082.715	44.450	5.002	6°25'14.55''	44.731	74765.406	56893.732
DK0+100	61.116	9.567	8°53'47.77''	61.861	74764.928	56911.005
DK0+120	79.823	16.620	11°45'41.01''	81.534	74762.517	56930.851
YZ：DK0+127.539	86.677	19.758	12°50'28.58''	88.900	74761.095	56938.254

七、综合曲线主点里程计算

(一)图表解读

给定一线路设计平曲线表，见表 2-6。

表 2-6　平曲线表 2

交点序号	交点里程	交点坐标		转向角		曲线半径 R /m	缓和曲线长度 l_0 /m
		北坐标 N(X)	东坐标 E(Y)	α_z	α_y		
QD	DK0+000	74750.721	56812.557	—	—	—	—
JD	DK0+083.481	74770.536	56893.652	—	25°40′56.58″	200	30
ZD	DK0+168.311	74752.635	56978.220	—	—	—	—

交点里程包括线路起点、线路终点及直线段延伸形成的交点。

交点坐标为与控制点处于同一坐标系中的统一坐标。

转向角为前一直线的延长线与下一直线延长线所夹的角，如图 2-14 所示；α_z、α_y，向右转弯即为右偏，向左转弯即为左偏，α 下标的 y 表示右，α 下标的 z 表示左。

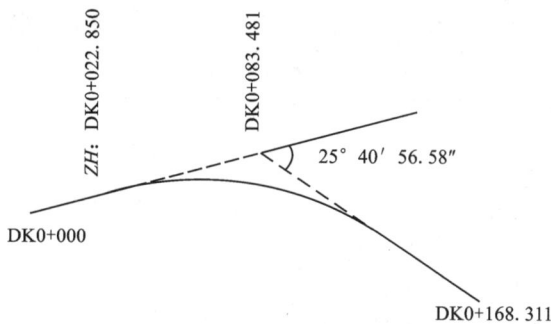

图 2-14　线路中线示意图 2

曲线半径 R 为曲线中间段圆曲线的半径。

缓和曲线长度 l_0 为曲线两侧缓和曲线一段的长度，目前我国大多数铁路上同一曲线两侧缓和曲线长度相等。

图中标出 ZH 点里程为 DK0+022.850，故 DK0+000~DK0+022.850 为直线段。

通过计算主点里程，确定各曲线所处的位置。

(二)曲线要素计算

根据表 2-6 给定数据代入计算。

切垂距：直缓点到垂足的距离。

$m = l_0/2 - l_0^3/240R^2 = 14.997$

内移值：将中间圆曲线延伸，与垂线形成一个交点，此点到垂足的距离。

$p = l_0^2/24R - l_0^4/2688R^3 = 0.187$

缓和曲线角：HY 点切线与线路方向的夹角，与图 2-15 所示 β_0 相等。

$\beta_0 = 90 l_0 / \pi R = 4°17'49.86''$

注意：β_0 并不是缓和曲线对应的圆心角。

切线长：ZH 点到 JD 点的距离。

$T = (R + p)\tan(a_y/2) + m = 60.631 \text{ m}$

圆曲线长：HY 点到 YH 点的线路长度。

$L_y = \pi R(a_y - 2\beta_0)/180° = 59.649 \text{ m}$

曲线长度：ZH 点到 HZ 点的线路长度。

$L = L_y + 2l_0 = 119.649 \text{ m}$

切曲差：两段切线长与曲线长的差值。

$q = 2T - L = 1.613 \text{ m}$

外矢距 E：QZ 点到 JD 点的距离。

计算结果录入表 2-7。

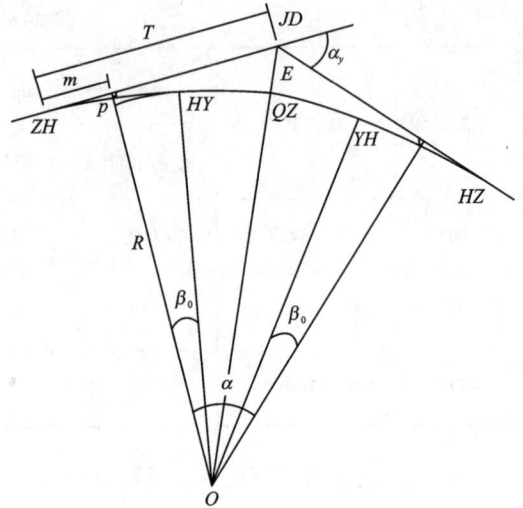

图 2-15 曲线要素 2

表 2-7 曲线要素表 2

半径 R/m	缓和曲线长度 l_0/m	切线长 T/m	曲线长度 L/m	切曲差 q/m
200	30	60.631	119.649	1.613

（三）主点里程计算

ZH：$K_{JD} - T$ = DK0 + 022.850

HY：$K_{ZH} + l_0$ = DK0 + 052.850

QZ：$K_{HY} + L_y/2$ = DK0 + 082.674

YH：$K_{QZ} + L_y/2$ = DK0 + 112.499

HZ：$K_{YH} + l_0$ = DK0 + 142.499

检核：

HZ：$K_{JD} + T - q$ = DK0 + 142.499

通过主点里程的计算，得出 DK0+022.850～DK0+052.850 为第一缓和曲线，DK0+052.850～DK0+112.499 为圆曲线，DK0+112.499～DK0+142.499 为第二缓和曲线。

完成对应实训单元任务。

八、切线支距法放样综合曲线

（一）ZH、HZ 点坐标计算

按以下步骤计算 ZH、HZ 点的坐标。

1. 反算两直线方位角

以表 2-6 给定数据计算。

第一直线前进方向方位角：$A_1 = 76°16'9.17''$。

第二直线前进方向方位角：$A_2 = 101°57'6.15''$。

线路转向角：$a_y = A_2 - A_1 = 25°40'56.58''$，与设计吻合。

2. ZH 点坐标计算

查表 2-7，切线长 $T = 60.631$ m。

$X_{ZH} = X_{JD} - T \cdot \cos A_1$

　　$= 74770.536 - 60.631\cos 76°16'9.17''$

　　$= 74756.145$

$Y_{ZH} = Y_{JD} - T \cdot \sin A_1$

　　$= 56893.652 - 60.631\sin 76°16'9.17''$

　　$= 56834.754$

3. HZ 点坐标计算

$X_{HZ} = X_{JD} + T \cdot \cos A_2$

　　$= 74770.536 + 60.631\cos 101°57'6.15''$

　　$= 74756.145$

$Y_{HZ} = Y_{JD} + T \cdot \sin A_2$

　　$= 56893.652 + 60.631\sin 101°57'6.15''$

　　$= 56952.968$

(二)建立第一坐标系

以 ZH 点为坐标原点，以切线前进方向为 X 轴，建立坐标系，那么 ZH 点、JD 点在新建坐标系中的坐标分别为(0, 0)、(60.631, 0)，在此坐标系中计算出第一缓和曲线和圆曲线的坐标，外业首先放样 ZH、JD、HZ 点，以 ZH、JD 点作为控制点，即可放样此两段曲线。

1. 第一缓和曲线坐标计算

每 10 m 计算一点，即计算 DK0+032.850、DK0+042.850、DK0+052.850 的坐标，如图 2-16 所示。

坐标按下面公式计算：

$$x = l - l^5/40R^2l_0^2 + l^9/3456l_0^4R^4$$

$$y = l^3/6Rl_0 - l^7/336R^3l_0^3 + l^{11}/42240l_0^5R^5$$

式中：l 为计算点里程减 ZH 点里程，即弧长；l_0 为设计缓和曲线长度；R 为设计半径。

式中第三项多数情况下无意义，可忽略，但在小半径曲线及高铁线路中不可省略，否则坐标差异会影响精度。

以表 2-6 数据为算例，计算结果录入表 2-8。

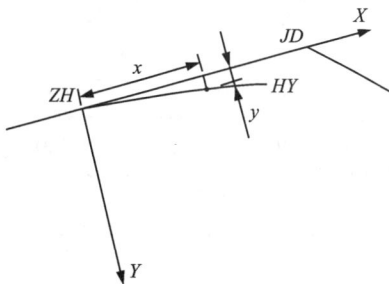

图 2-16　第一缓和曲线坐标

表 2-8 第一缓和曲线切线支距法坐标计算表

里程	l/m	x	y
ZH：DK0+022.850	—	0	0
DK0+032.850	10	10.000	0.028
DK0+042.850	20	19.998	0.222
HY：DK0+052.850	30	29.983	0.750

随着里程的前进，y 坐标增加值越来越大。

2. 圆曲线坐标计算

以表 2-6 数据为算例，计算里程为 20 m 整倍数的桩号，计算结果录入表 2-9。

几何关系如图 2-17 所示。

圆弧长 l：计算点里程减 HY 点里程。

切线角：$a_c = 180l/\pi R + \beta_0$

坐标：

$x = m + R\sin a_c$

$y = R + p - R\cos a_c$

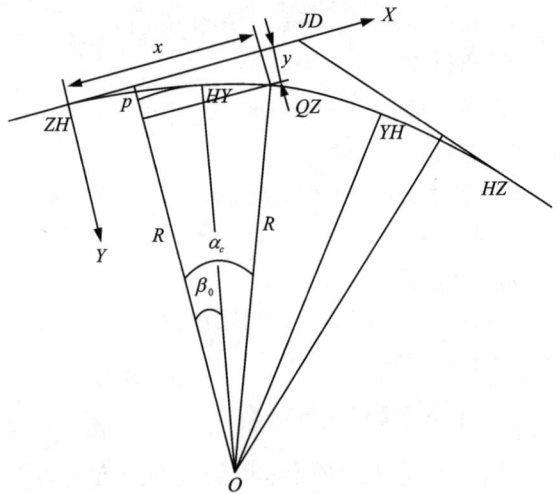

图 2-17 圆曲线坐标

表 2-9 圆曲线切线支距法坐标计算表

里程	l/m	a_c	x	y
DK0+060	7.150	6°20′43.83″	37.102	1.413
DK0+080	27.150	12°4′30.31″	56.836	4.613
QZ：DK0+082.674	29.824	12°50′28.07″	59.447	5.190
DK0+100	47.150	17°48′16.79″	76.152	9.767
YH：DK0+112.499	59.649	21°23′7.31″	87.925	13.958

(三)建立第二坐标系

第二缓和曲线，以 HZ 点为坐标原点，以切线后退方向为 X 轴，建立坐标系，那么 HZ、JD 点在新建坐标系中的坐标分别为(0, 0)、(60.631, 0)，在此坐标系中计算出第二缓和曲线和圆曲线的坐标，外业以 HZ、JD 点作为控制点，即可放样此段曲线，如图 2-18 所示。

特别说明：本书与大多数测量教材不同，在此 Y 轴应为 X 轴顺时针方向旋转 $90°$，与测量坐标系的建立相统一，以便于全站仪放样时能定出正确位置。

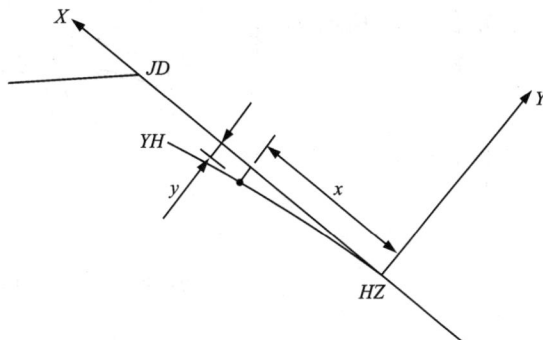

图 2-18　第二缓和曲线坐标

第二缓和曲线坐标计算：

每 10 m 计算一点。

$$x = l - l^5/40R^2l_0^2$$

$$y = l^3/6Rl_0 - l^7/336R^3l_0^3$$

式中：l 为 HZ 点里程减计算点里程，即弧长。

第二缓和曲线位于第四象限，故 y 均为负值，应在计算结果前加"−"号。

以表 2-6 给定数据为算例，结果录入表 2-10。

表 2-10　第二缓和曲线切线支距法坐标计算表

里程	l/m	x	y
YH：DK0+112. 499	30	29. 983	−0. 750
DK0+122. 499	20	19. 998	−0. 222
DK0+132. 499	10	10. 000	−0. 028
HZ：DK0+142. 499	—	0	0

九、坐标法放样综合曲线

将切线支距法计算的坐标转换到线路统一坐标系中，利用线路附近的控制点进行放样，称为坐标法。

（一）第一缓和曲线及圆曲线

将计算点与 ZH 点相连，长度用 L 表示，其与切线的夹角用 θ 表示，如图 2-19 所示。

$$\theta = \tan^{-1}(y/x)$$

$$L = \sqrt{(x^2 + y^2)}$$

式中：x、y 为切线支距法计算的坐标。

统一坐标：

右偏曲线：

$$X_{中} = X_{ZH} + L \cdot \cos(A_1 + \theta)$$

$$Y_{中} = Y_{ZH} + L \cdot \sin(A_1 + \theta)$$

左偏曲线：

$$X_{中} = X_{ZH} + L \cdot \cos(A_1 - \theta)$$

$$Y_{中} = Y_{ZH} + L \cdot \sin(A_1 - \theta)$$

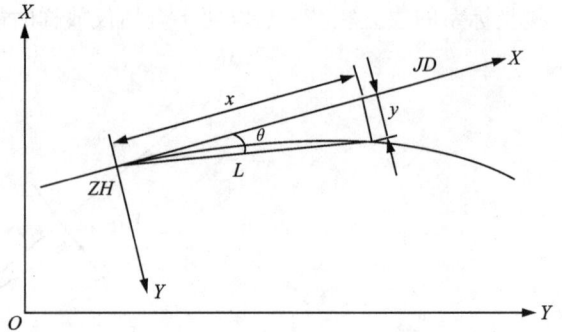

图 2-19 第一缓和曲线及圆曲线统一坐标

式中：A_1 为第一直线前进方向方位角，以表 2-6 为算例，$A_1 = 76°16'9.17''$。ZH 点坐标在上节例题中已经计算。将桩坐标计算结果录入表 2-11。

表 2-11 第一缓和曲线及圆曲线坐标计算表

里程	x 查表 2-8、表 2-9	y 查表 2-8、表 2-9	θ $\tan^{-1}(y/x)$	L/m $K - K_{ZH}$	$X_{中}$ $X_{ZH} + L \cdot \cos(A_1 + \theta)$	$Y_{中}$ $Y_{ZH} + L \cdot \sin(A_1 + \theta)$
ZH：DK0+022.850	0	0	—	—	74756.145	56834.754
DK0+032.850	10.000	0.028	0°9'37.54''	10.000	74758.491	56844.475
DK0+042.850	19.998	0.222	0°38'9.67''	19.999	74760.676	56854.233
HY：DK0+052.850	29.983	0.750	1°25'58.47''	29.992	74762.533	56864.058
DK0+060	37.102	1.413	2°10'51.64''	37.129	74763.579	56871.131
DK0+080	56.836	4.613	4°38'24.53''	57.023	74765.154	56891.060
QZ：DK0+082.674	59.447	5.190	4°59'22.33''	59.673	74765.215	56893.735
DK0+100	76.152	9.767	7°18'31.19''	76.776	74764.733	56911.048
YH：DK0+112.499	87.925	13.958	9°1'13.34''	89.026	74763.456	56923.479

（二）第二缓和曲线

将计算点与 ZH 点相连，长度用 L 表示，其与切线的夹角用 θ 表示，如图 2-20 所示。

$$\theta = \tan^{-1}(y/x)$$

$$L = \sqrt{(x^2 + y^2)}$$

式中：x、y 为切线支距法计算的坐标，由于 y 在此为三角形一条边，故统一取正值。

统一坐标：

右偏曲线：

$$X_中 = X_{HZ} + L \cdot \cos(A_2 + 180° - \theta)$$

$$Y_中 = Y_{HZ} + L \cdot \sin(A_2 + 180° - \theta)$$

左偏曲线：

$$X_中 = X_{HZ} + L \cdot \cos(A_2 + 180° + \theta)$$

$$Y_中 = Y_{HZ} + L \cdot \sin(A_2 + 180° + \theta)$$

式中：A_2 为第二直线前进方向方位角，以表 2-6 为算例，$A_2 = 101°57'6.15''$。

HZ 点坐标在上节例题中已经计算。将桩坐标计算结果录入表 2-12。

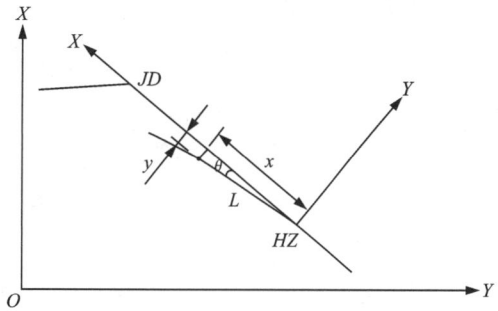

图 2-20　第二缓和曲线统一坐标

表 2-12　第二缓和曲线坐标计算表

里程	x 查表 2-10	y 查表 2-10	θ $\tan^{-1}(y/x)$	L/m $K_{ZH}-K$	$X_中$ $X_{HZ}+L\cdot\cos(A_2+180°-\theta)$	$Y_中$ $Y_{HZ}+L\cdot\sin(A_2+180°-\theta)$
YH：DK0+112.499	29.983	0.750	1°25'58.47''	29.992	74763.455	56923.480
DK0+122.499	19.998	0.222	0°38'9.67''	19.999	74761.904	56933.357
DK0+132.499	10.000	0.028	0°9'37.54''	10.000	74760.024	56943.179
HZ：DK0+142.499	0	0	—	—	74757.980	56952.968

y 在此处为三角形的一条边，故为正值。

表 2-11 和表 2-12 均计算了 YH：DK0+112.499 的坐标，X、Y 坐标均相差 1 mm，说明计算无误。

十、综合曲线线路边桩放样

线路边桩：线路两侧与线路方向或线路切线方向垂直的点位，其里程与对应中桩相同。直接放样边桩是大多数工程施工中的测量任务。

边桩坐标计算工作在对应中桩坐标已经计算完成的基础上进行。

（一）直线段

如图 2-21 所示，左边桩：

$$X_左 = X_中 + D_1\cos(A - 90°)$$

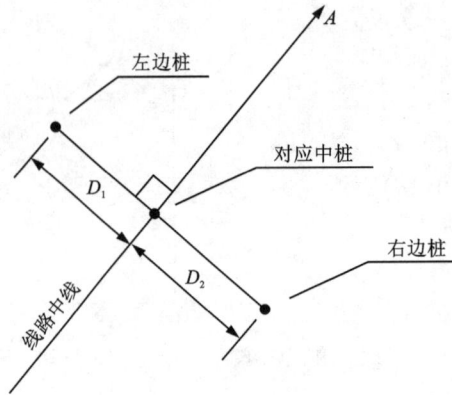

图 2-21 直线段边桩坐标

$Y_{左}=Y_{中}+D_1\sin(A-90°)$

右边桩：

$X_{右}=X_{中}+D_2\cos(A+90°)$

$Y_{右}=Y_{中}+D_2\sin(A+90°)$

式中：$X_{中}$、$Y_{中}$ 为对应中桩坐标；A 为直线前进方向方位角。左、右的区分以面向前进方向为准。

下面以表 2-1 为算例，计算 DK0+010 左边 3 m、右边 5 m 的坐标。

查 P17，DK0+010 中桩坐标为（74753.095，56822.271），线路方位角 $A=A_1=76°16'9.17''$。

DK0+010 左 3 m 边桩坐标：

$X_{左}=X_{中}+D_1\cos(A-90°)$

$=74753.095+3\cos(76°16'9.17''-90°)$

$=74756.009$

$Y_{左}=Y_{中}+D_1\sin(A-90°)$

$=56822.271+3\sin(76°16'9.17''-90°)$

$=56821.559$

DK0+010 右 5 m 边桩坐标：

$X_{右}=X_{中}+D_2\cos(A+90°)$

$=74753.095+5\cos(76°16'9.17''+90°)$

$=74748.237$

$Y_{右}=Y_{中}+D_2\sin(A+90°)$

$=56822.271+5\sin(76°16'9.17''+90°)$

$=56823.458$

计算结果录入表 2-13。

表 2-13　直线段边桩坐标表

里程	$X_{中}$ 查 P17	$Y_{中}$ 查 P17	A	左 3 m		右 5 m	
				$X_{左}$	$Y_{左}$	$X_{右}$	$Y_{右}$
DK0+010	74753.095	56822.271	76°16′9.17″	74756.009	56821.559	74748.237	56823.458
DK0+020	74755.468	56831.985	76°16′9.17″	74758.382	56831.273	74750.611	56833.172

(二)第一缓和曲线段

如图 2-22 所示, 对应中桩切线方位角:

右偏曲线: $A = A_1 + 3\theta$

左偏曲线: $A = A_1 - 3\theta$

式中: θ 为对应中桩切线与第一直线的夹角。

左边桩:

$X_{左} = X_{中} + D_1\cos(A-90°)$

$Y_{左} = Y_{中} + D_1\sin(A-90°)$

右边桩:

$X_{右} = X_{中} + D_2\cos(A+90°)$

$Y_{右} = Y_{中} + D_2\sin(A+90°)$

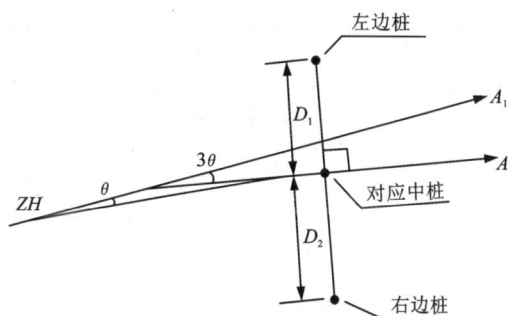

图 2-22　第一段缓和曲线边桩坐标

式中: $X_{中}$、$Y_{中}$ 为对应中桩坐标; A 为对应中桩切线方向方位角。左、右的区分以面向前进方向为准。

下面以表 2-6 为算例, 计算 DK0+032.850 左边 3 m、右边 5 m 的坐标。

查表 2-11, DK0+032.850 中桩坐标为 (74758.491, 56844.475), 线路方位角 $A_1 = 76°16′9.17″$, 对应中桩切线与第一直线的夹角为 3θ。

右偏曲线: $A = A_1 + 3\theta = 76°45′1.79″$

DK0+032.850 左 3 m 边桩坐标:

$X_{左} = X_{中} + D_1\cos(A-90°)$

$= 74758.491 + 3\cos(76°45′1.79″-90°)$

$= 74761.411$

$Y_{左} = Y_{中} + D_1\sin(A-90°)$

$= 56844.475 + 3\sin(76°45′1.79″-90°)$

$= 56843.787$

DK0+032.850 右 5 m 边桩坐标:

$X_{右} = X_{中} + D_2\cos(A+90°)$

$= 74758.491 + 5\cos(76°45′1.79″+90°)$

$= 74753.624$

$$Y_{右} = Y_{中} + D_2\sin(A+90°)$$
$$= 56844.475 + 5\sin(76°45'1.79''+90°)$$
$$= 56845.621$$

计算结果录入表 2-14、表 2-15。

表 2-14　第一缓和曲线段左边桩坐标表

里程	$X_{中}$ 查表 2-11	$Y_{中}$ 查表 2-11	A_1	θ 查表 2-11	A $A=A_1+3\theta$	左 3 m $X_{左}$	$Y_{左}$
DK0+032.850	74758.491	56844.475	76°16′9.17″	0°9′37.54″	76°45′1.79″	74761.411	56843.787
DK0+042.850	74760.676	56854.233	76°16′9.17″	0°38′9.67″	78°10′38.18″	74763.612	56853.618

表 2-15　第一缓和曲线段右边桩坐标表

里程	$X_{中}$ 查表 2-11	$Y_{中}$ 查表 2-11	A_1	θ 查表 2-11	A $A=A_1+3\theta$	右 5 m $X_{右}$	$Y_{右}$
DK0+032.850	74758.491	56844.475	76°16′9.17″	0°9′37.54″	76°45′1.79″	74753.624	56845.621
DK0+042.850	74760.676	56854.233	76°16′9.17″	0°38′9.67″	78°10′38.18″	74755.782	56855.257

(三)圆曲线段

如图 2-23 所示，对应中桩切线方位角：

右偏曲线：$A = A_1 + a_c$

左偏曲线：$A = A_1 - a_c$

式中：a_c 为对应中桩切线与第一直线的夹角。

左边桩：

$$X_{左} = X_{中} + D_1\cos(A-90°)$$
$$Y_{左} = Y_{中} + D_1\sin(A-90°)$$

右边桩：

$$X_{右} = X_{中} + D_2\cos(A+90°)$$
$$Y_{右} = Y_{中} + D_2\sin(A+90°)$$

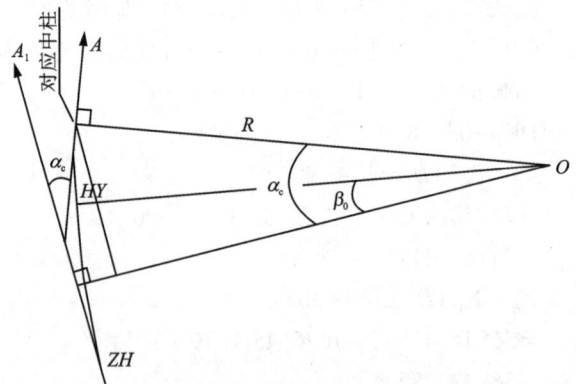

图 2-23　圆曲线段边桩坐标

式中：$X_{中}$、$Y_{中}$ 为对应中桩坐标；A 为对应中桩切线方向方位角。左、右的区分以面向前进方向为准。

下面以表 2-6 为算例，计算 DK0+060 左边 3 m、右边 5 m 的坐标。

查表 2-11，DK0+060 中桩坐标为(74763. 579，56871. 131)，线路方位角 $A_1 = 76°16'9. 17''$，对应中桩切线与第一直线的夹角 a_c 为 $6°20'43. 83''$。

右偏曲线：$A = A_1 + a_c = 76°16'9. 17'' + 6°20'43. 83'' = 82°36'53''$

DK0+060 左 3 m 边桩坐标：

$X_左 = X_中 + D_1 \cos(A - 90°)$

$= 74763. 579 + 3\cos(82°36'53'' - 90°)$

$= 74766. 554$

$Y_左 = Y_中 + D_1 \sin(A - 90°)$

$= 56871. 131 + 3\sin(82°36'53'' - 90°)$

$= 56870. 745$

DK0+060 右 5 m 边桩坐标：

$X_右 = X_中 + D_2 \cos(A + 90°)$

$= 74763. 579 + 5\cos(82°36'53'' + 90°)$

$= 74758. 620$

$Y_右 = Y_中 + D_2 \sin(A + 90°)$

$= 56871. 131 + 5\sin(82°36'53'' + 90°)$

$= 56871. 774$

计算结果录入表 2-16、表 2-17。

表 2-16　圆曲线段左边桩坐标表

里程	$X_中$	$Y_中$	A_1	a_c	A	左 3 m	
	查表 2-11	查表 2-11		查表 2-9	$A_1 + a_c$	$X_左$	$Y_左$
DK0+060	74763. 579	56871. 131	76°16'9. 17''	6°20'43. 83''	82°36'53''	74766. 554	56870. 745
DK0+080	74765. 154	56891. 060	76°16'9. 17''	12°4'30. 31''	82°36'53''	74768. 153	56890. 974

表 2-17　圆曲线段右边桩坐标表

里程	$X_中$	$Y_中$	A_1	a_c	A	右 5 m	
	查表 2-11	查表 2-11		查表 2-9	$A_1 + a_c$	$X_右$	$Y_右$
DK0+060	74763. 579	56871. 131	76°16'9. 17''	6°20'43. 83''	82°36'53''	74758. 620	56871. 774
DK0+080	74765. 154	56891. 060	76°16'9. 17''	12°4'30. 31''	82°36'53''	74760. 157	56891. 205

(四) 第二缓和曲线段

如图 2-24 所示，对应中桩切线方位角：

右偏曲线：$A = A_1 - 3\theta$

左偏曲线：$A = A_1 + 3\theta$

式中：θ 为对应中桩切线与第二直线的夹角。

左边桩：

$X_{左} = X_{中} + D_1 \cos(A - 90°)$

$Y_{左} = Y_{中} + D_1 \sin(A - 90°)$

右边桩：

$X_{右} = X_{中} + D_2 \cos(A + 90°)$

$Y_{右} = Y_{中} + D_2 \sin(A + 90°)$

式中：$X_{中}$、$Y_{中}$ 为对应中桩坐标；A 为对应中桩切线方向方位角。左、右的区分以面向前进方向为准。

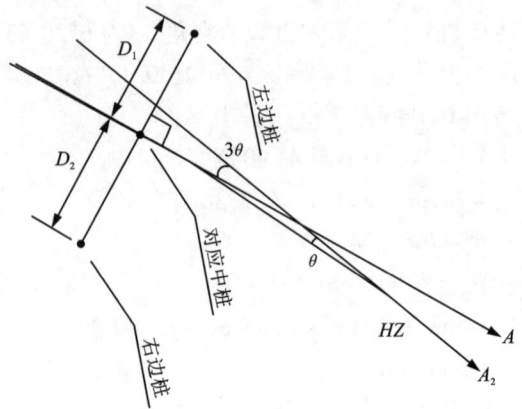

图 2-24　第二缓和曲线边桩坐标

下面以表 2-6 为算例，计算 DK0+122.499 左边 3 m、右边 5 m 的坐标。

查表 2-12，DK0+122.499 中桩坐标为 (74761.904，56933.357)，线路方位角 $A_2 =$ 101°57′6.15″，对应中桩切线与第一直线的夹角为 3θ。

右偏曲线：$A = A_2 - 3\theta = 100°2′37.14″$

DK0+122.499 左 3 m 边桩坐标：

$X_{左} = X_{中} + D_1 \cos(A - 90°)$

$= 74761.904 + 3\cos(100°02′37.14″ - 90°)$

$= 74764.858$

$Y_{左} = Y_{中} + D_1 \sin(A - 90°)$

$= 56933.357 + 3\sin(100°02′37.14″ - 90°)$

$= 56933.880$

DK0+122.499 右 5 m 边桩坐标：

$X_{右} = X_{中} + D_2 \cos(A + 90°)$

$= 74761.904 + 5\cos(100°02′37.14″ + 90°)$

$= 74756.981$

$Y_{右} = Y_{中} + D_2 \sin(A + 90°)$

$= 56933.357 + 5\sin(100°02′37.14″ + 90°)$

$= 56932.485$

计算结果录入表 2-18、表 2-19。

表 2-18 第二缓和曲线段左边桩坐标表

里程	$X_{中}$	$Y_{中}$	A_2	θ	A	左 3 m	
	查表 2-12	查表 2-12		查表 2-12	$A=A_2-3\theta$	$X_{左}$	$Y_{左}$
DK0+122.499	74761.904	56933.357	101°57′6.15″	0°38′9.67″	100°2′37.14″	74764.858	56933.880
DK0+132.499	74760.024	56943.179	101°57′6.15″	0°9′37.54″	101°28′13.53″	74762.964	56943.775

表 2-19 第二缓和曲线段右边桩坐标表

里程	$X_{中}$	$Y_{中}$	A_2	θ	A	右 5 m	
	查表 2-12	查表 2-12		查表 2-12	$A=A_2-3\theta$	$X_{右}$	$Y_{右}$
DK0+122.499	74761.904	56933.357	101°57′6.15″	0°38′9.67″	100°2′37.14″	74756.981	56932.485
DK0+132.499	74760.024	56943.179	101°57′6.15″	0°9′37.54″	101°28′13.53″	74755.124	56942.184

十一、"工程之星"App 计算线路坐标

利用全站仪放样线路上点的位置,首先要计算放样点的坐标,本节以南方卫星导航仪器有限公司推出的"工程之星 5.0 安卓版"手机 App 来进行计算。

铁路设计图纸以"平曲线表"的形式来给定线路的设计要素,见表 2-20。

表 2-20 平曲线表 3

交点里程	交点坐标		转向角		曲线半径 R /m	缓和曲线长度 l_0 /m
	北坐标 N	东坐标 E	α_z	α_y		
DK67+000	3895549.922	513076.917	—	—	—	—
DK71+156.934	3891690.940	514622.349	—	25°40′56.49″	8500	340
DK89+224.219	3873599.379	513402.500	1°53′35.21″	—	14000	190
DK90+149.697	3872674.399	513370.776	—	—	—	—

根据此表绘出的线路中线示意图如图 2-25 所示。

下面讲述利用"工程之星 5.0 安卓版"手机 App 运算线路中线、边桩的坐标。点击右上角手指图标选择经典风格,按下图所示步骤进行设计要素录入,如图 2-26、图 2-27 所示。

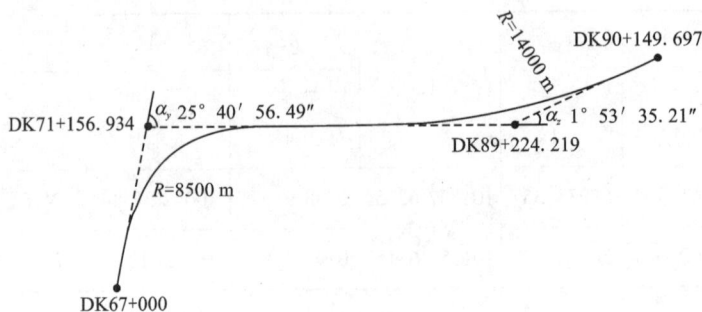

图 2-25　线路中线示意图 3

图 2-26　设计要素录入步骤 1-3

输入表 2-20 中第一行数据：DK67+000，北坐标 3895549.922，东坐标 513076.917，如图 2-28 所示。

输入表 2-20 中第二行数据：DK71+156.934，北坐标 3891690.940，东坐标 514622.349，曲线半径 8500 m，缓和曲线长度 340 m，如图 2-29 所示步骤 10。当设计没有缓和曲线时，长度输 0 即可。

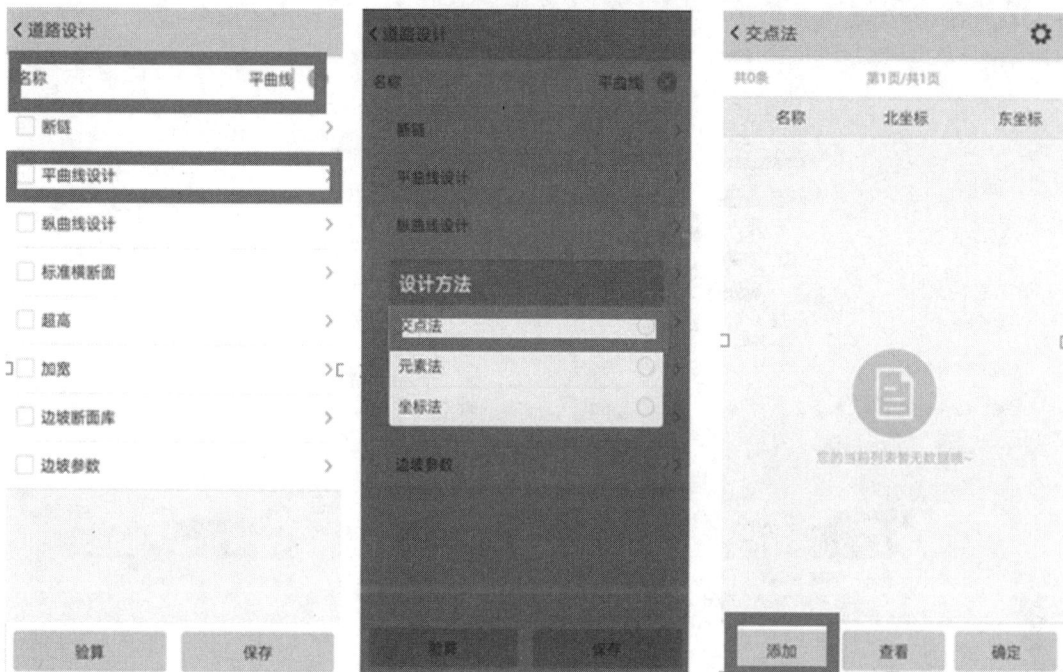

图 2-27　设计要素录入步骤 4~6

图 2-28　设计要素录入步骤 7~9

图 2-29 设计要素录入步骤 10~12

输入表 2-20 中第三行数据：$DK89+224.219$，北坐标 3873599.379，东坐标 513402.500，曲线半径 14000 m，缓和曲线长度 190 m，如图 2-29 所示步骤 11。

输入表 2-20 中第四行数据：$DK90+149.697$，北坐标 3872674.399，东坐标 513370.776，如图 2-29 所示步骤 12。点击"确定""保存"。此时 App 已完成所有主点及每 20 米线路中线的坐标计算。

按图 2-30、图 2-31 所示步骤，可以查询线路中线坐标。

图 2-30 坐标查询步骤 1~3

图 2-31　坐标查询步骤 4~6

线路中线任意里程坐标计算：按图 2-32 所示步骤，可以查询线路中线任意一桩号坐标。以 DK69+065.433 为例：返回图 2-32 所示界面，点击"加桩"，在"加桩"界面，里程输入 69065.433，偏距输入 0，方位角输入 90，下方结果显示即为 DK69+065.433 的中桩坐标，取三位小数，北坐标 3893632.531，东坐标 513844.787。

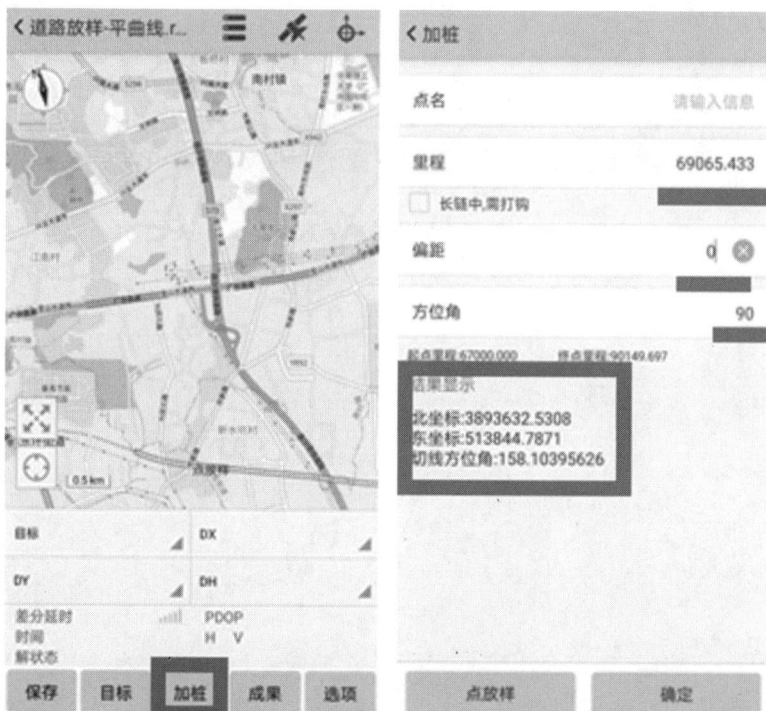

图 2-32　任意中桩坐标查询步骤 1~2

边桩坐标计算：按图 2-33 所示步骤，可以查询线路中线任意一桩号左右两侧任意距离坐标。以查询 DK69+065.433 右侧 5 m、左侧 6 m 为例：里程输入 69065.433，偏距输入 5，方位角输入 90，下方结果显示即为 DK69+065.433 右侧 5 m 的坐标，取三位小数，北坐标3893630.672，东坐标 513840.145；里程输入 69065.433，偏距输入-6，方位角输入 90，下方结果显示即为 DK69+065.433 左侧 6 m 的坐标，取三位小数，北坐标 3893634.761，东坐标513850.357。注意：右边桩输正，左边桩输负，采用不同的软件计算需要核验。

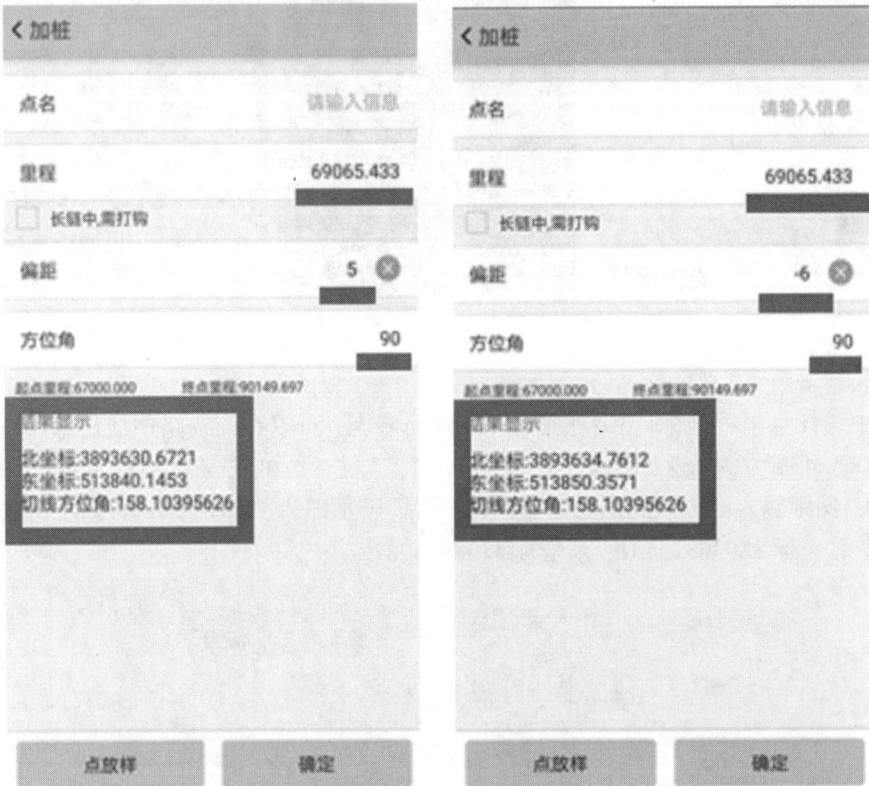

图 2-33　任意中桩边桩坐标查询步骤 1~2

单元三　铁路线路断面测量

一、路线纵断面测量

路线纵断面测量又称线路水准测量，是在路线中线测定之后，测量中线上各里程桩(中桩)和加桩的地面高程，绘制路线纵断面图。路线纵断面图显示了路线中线地面的高低起伏和坡度变化情况，是路线纵坡设计、标高设计和填挖工程量计算的重要资料。为了提高测量精度和方便成果检查，根据"从整体到局部"的测量原则，路线水准测量分两步进行：

(1)沿路线方向设置若干水准点，建立路线基本高程控制，称为基平测量。

(2)根据水准点高程，测定中线上各里程桩和加桩的地面高程，称为中平测量。

(一)基平测量

首先沿路线方向设置若干水准点，建立线路的高程控制。水准点在勘测和施工阶段甚至长期都要使用，因此，水准点应选在地基稳固、易于引测以及施工时不易受破坏的地方，也可选在牢固的房基、桥墩、桥台、基岩等固定点上作标志，并按顺序编号，一般距中线 50～100 m 为宜，如图 3-1 所示。

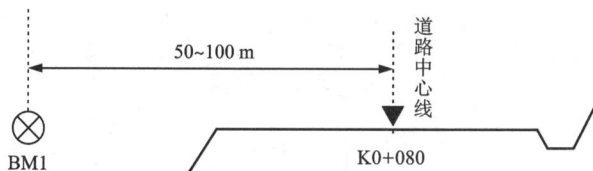

图 3-1　基平点点位布置

在路线起点和终点、大桥两岸、隧道两端以及需要长期观测高程的重点工程附近，均应布设永久水准点。水准点的布设密度，应根据地形复杂情况和工程需要而定。在丘陵和山区，每隔 0.5～1 km 设置一个；在平原和微丘陵地区，每隔 1～2 km 埋设一个，如图 3-2 所示。此外，在中桥、小桥、涵洞以及停车场等工程集中的地段，均应设置，在较短的路线上，一般每隔 300～500 m 布设一个，必要时水准点可与导线点同点。

基平测量时，首先应将起始水准点与附近国家水准点进行连测，以获得绝对高程。在沿线水准测量中，也应尽量与附近国家水准点进行连测，以便获得更多的检核条件。若路线附近没有国家水准点，也可采用假定高程，建立独立的高程系统。

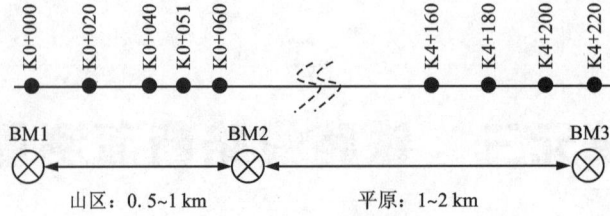

图 3-2 基平点点位密度

高程控制测量一般按四等水准的要求测量,采用水准测量方法往返施测或双仪器同向施测和全站仪三角高程测量法对向施测。当要求更高时,按三等水准的要求进行测量;要求较低时,可按等外水准的要求进行测量。

(二)中平测量

1.水准仪水准测量法

水准仪法适用于高程起伏不是很大的平坦地面。

(1)观测与记录。

以相邻水准点为一测段,从一个水准点出发,逐个测定中桩的地面高程,附合到下一个水准点上。

测量时,在每一测站上首先读取后、前两转点的水准尺读数,再读取两转点间所有中桩地面点的水准尺读数,这些中桩地面点称为中间点。由于转点起传递高程的作用,因此,转点尺应立在尺垫、稳固的桩顶或坚石上,水准尺读数至 mm,视线长一般不应超过 150 m。中间点水准尺读数至 cm,要求水准尺立在紧靠桩前的地面上。

由水准点 BM4 始,测定 K4+000 至 K4+220 段中桩地面高程,图 3-3 为测量示意图。表 3-1 为相应的路线中桩高程测量记录计算表。

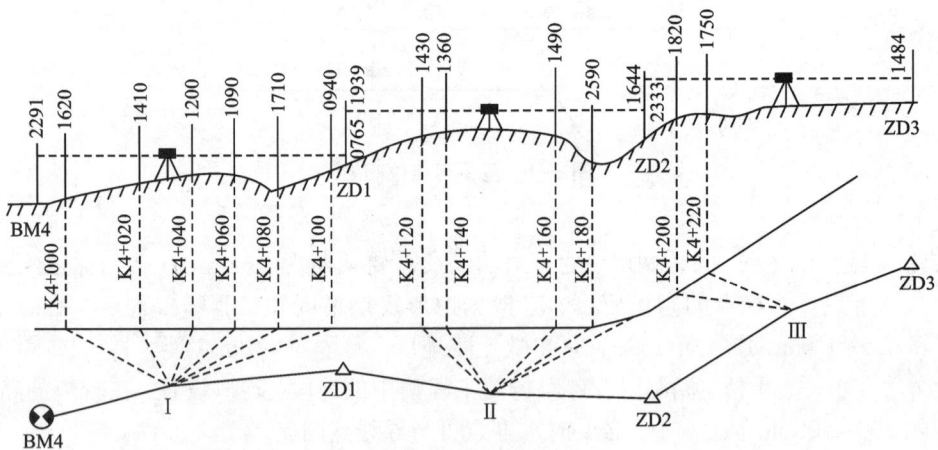

图 3-3 中平测量

42

首先将水准仪安置于Ⅰ站，后视水准点 BM4，读取后视读数 2291，前视转点 ZD1，读取前视读数 0765，将观测结果分别记入表 3-1 中"后视"和"前视"栏内。

然后观测 BM4 与 ZD1 间的各个中桩地面点，将后视点 BM4 上的水准尺依次立于 K4+000、K4+020、K4+040、K4+060、K4+080、K4+100 各中桩地面上，将读数分别记入表 3-1 中"中视"栏内。

仪器搬至Ⅱ站，后视转点 ZD1，前视转点 ZD2，然后观测 ZD1 与 ZD2 间的各个中桩地面点。用同样的方法继续向前观测，直至附合到水准点 BM7，完成一测段的观测工作，路线总长 1.24 km。

（2）计算与检核。

每一站的各项计算依次按下式进行。

①视线高程=后视点高程+后视读数。

本例第Ⅰ站的视线高程=后视点 BM4 的高程+BM4 的后视读数。

即 $H_{\text{I}} = H_{\text{BM4}} + a_1 = 52.336 + 2.291 = 54.627$（m）

②转点高程=视线高程-前视读数。

本例第Ⅰ站 ZD1 的高程=第Ⅰ站的视线高程-ZD1 的前视读数。

即 $H_{\text{ZD1}} = H_{\text{I}} - b_1 = 54.627 - 0.765 = 53.862$（m）

③中桩高程=视线高程-中视读数。

本例第Ⅰ站各中桩的高程=第Ⅰ站的视线高-各中桩的中视读数。

即 $H_{\text{K4+000}} = H_{\text{I}} - k_1 = 54.627 - 1.62 = 53.007 \rightarrow 53.01$（m）

$H_{+020} = H_{\text{I}} - k_2 = 54.627 - 1.41 = 53.217 \rightarrow 53.22$（m）

$H_{+040} = H_{\text{I}} - k_3 = 54.627 - 1.20 = 53.427 \rightarrow 53.43$（m）

$H_{+060} = H_{\text{I}} - k_4 = 54.627 - 1.09 = 53.537 \rightarrow 53.54$（m）

$H_{+080} = H_{\text{I}} - k_5 = 54.627 - 1.71 = 53.917 \rightarrow 53.92$（m）

$H_{+100} = H_{\text{I}} - k_6 = 54.627 - 0.94 = 53.687 \rightarrow 53.69$（m）

④高差闭合差的容许值为 $\pm 30\sqrt{L}$ mm。其中 L 为路线长度，一般取中平测量段起、终点里程桩号的差值，以 km 为单位。

表 3-1　中平测量记录计算表

测站	测点	水准尺读数			视线高程 /m	高程 /m	备注
		后视 a	中视 b	前视 k			
Ⅰ	BM4	2.291			54.627	52.336	高程为基平所测
	K4+000		1.62			53.01	
	K4+020		1.41			53.22	
	K4+040		1.20			53.43	
	K4+060		1.09			53.54	
	K4+080		1.71			52.92	
	K4+100		0.94			53.69	
	ZD1	1.939		0.765	55.801	53.862	

测站	测点	水准尺读数			视线高程/m	高程/m	备注
		后视 a	中视 b	前视 k			
II	K4+120		1.43			54.37	
	K4+140		1.36			54.44	
	K4+160		1.49			54.31	
	K4+180		2.59			53.21	
	ZD2	2.333		1.644	56.490	54.157	
III	K4+200		1.82			54.67	
	K4+220		1.75			54.74	
	ZD3	1.257		1.484	56.263	55.006	
IV	...	...	...	...	...	...	...
	BM7			2.345		53.918	基平测得高程为 53.941 m
计算复核	$(\Sigma a - \Sigma b) = 7820 - 6238 = 1582 \text{ mm} = 1.582 \text{ m}$ $(H_{BM7} - H_{BM4}) = 53.841 - 52.336 = 1.605 \text{ m}$ $fh = (\Sigma a - \Sigma b) - (H_{BM7} - H_{BM4}) = 1.582 - 1.605 = -0.023 \text{ m} = -23 \text{ mm}$ $fh_{容} = \pm 30\sqrt{L} = \pm 30\sqrt{1.24} = \pm 33 \text{ mm}$ $fh < fh_{容}$，精度合格						

（3）技术要求。

①立尺时必须保持尺面垂直，在水准点立尺，水准尺立在点位顶面；在中桩立尺，水准尺立于中桩桩前地面上；在转点立尺，水准尺应立在尺垫球面上，尺垫必须稳定可靠。

②中平测量应在两个已知水准点之间进行，形成的测段构成附合水准路线。

③中视点，即中线桩前地面高程观测点，观测时视线应高出地面0.3 m，避免地面大气折光影响。

④中视点的高程应在计算检核无误后进行，计算至cm。

⑤对于路线设计施工的中线附近重要地物点位，应尽可能测量其高程。

2. 全站仪三角高程法

根据全站仪三角高程测量的方法，可得地面点 P 的高程 H_P 为：

$$H_P = H_A + VD_{AP} + i - l$$

式中：H_A 为测站点 A 的高程；VD_{AP} 为仪器中心与棱镜中心的高差；i 为仪器高；l 为棱镜高。

（1）观测与记录。

如图 3-4 所示，以南方 NTS-352 全站仪为例，由水准点 BM4 始，测定 K4+000 至 K4+220 段中桩地面高程。表 3-2 为相应的路线中桩高程测量记录计算表。

①全站仪安置于 BM4 点，照准置于 ZD1 的棱镜，量取仪器高 i_1 和棱镜高 l_1。测距后读取 VD（高差）读数，将观测结果记入表 3-2 中"高差"栏内。

②将全站仪从 BM4 点移至 ZD1 安置，量取仪器高 i_2 和棱镜高 l_2，然后将简易棱镜依次立于自 K4+000 开始的各个中桩地面上，直至观测不到下一个中桩后，在合适的地方设置

ZD2，将各次的 VD 读数分别记入表 3-2 中"高差"栏内。

③将全站仪从 ZD1 移至 ZD2 安置，量取仪器高 i_3 和棱镜高 l_3，用同样的方法继续向前观测，直至附合到水准点 BM7，完成一测段的观测工作。

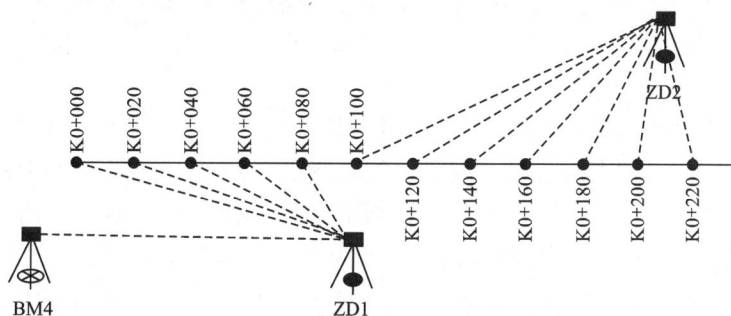

图 3-4　全站仪中平测量

表 3-2　全站仪中平测量记录计算表

测站	测点	仪器高 i	棱镜高 l	高差 VD	测点高程/m	备注
BM4	ZD1	1.625	1.600	1.503	53.864	BM4 为基平所测
ZD1	K4+000	1.535	1.600	-0.79	53.01	高程为 52.336 m
	K4+020			-0.58	53.22	
	K4+040			-0.37	53.43	
	K4+060			-0.26	53.54	
	K4+080			-0.88	52.92	
	ZD2			0.358	54.157	
ZD2	K4+100	1.605	1.600	-0.47	53.69	
	K4+120			0.21	54.37	
	K4+140			0.28	54.44	
	K4+160			0.15	54.31	
	K4+180			-0.92	53.21	
	K4+200			0.51	54.67	
	K4+220			0.58	54.74	
	ZD3			0.844	55.006	
…	…	…	…	…	…	BM7 为基平所测
ZDi	BM7	1.650	1.800	-1.136	53.920	高程为 53.941 m
计算复核	$fh = (H_{BM7测} - H_{BM7理}) = 53.920 - 53.941 = -21(\text{mm})$ $fh_容 = \pm 30\sqrt{L} = \pm 30\sqrt{1.24} = \pm 33(\text{mm})$ $fh < fh_容$，精度合格					

（2）计算与检核。

每个观测点的高程按下式进行计算：

①观测点高程＝测站高程＋观测高差＋仪器高－棱镜高。

②高差闭合差的容许值为$\pm 30\sqrt{L}$ mm，其中 L 为路线长度，取中平测量段起、终点里程桩号的差值，以 km 为单位。

（3）技术要求。

①中平测量在基平测量的基础上进行，并遵循"先定中线桩，后中平测量"的顺序。

②测站（转点）尽量选择在路线中线沿线的制高点，以便观测到更多的中桩点。

③地势较为平坦时，可将简易棱镜的高度调整为固定值，以便观测点高程计算；当地势起伏较大或测站与中桩间有草丛、低矮灌木等遮挡需改变棱镜高度时，应及时通知测站记录人员。

④棱镜需立直，各观测点均观测两次，互差在± 30 mm 以内。

⑤全站仪中平测量仍在两个水准点之间进行。

⑥为保证观测精度，减小误差影响，测站与观测点之间的距离宜限制在 1 km 以内。

（三）纵断面图的绘制

1.纵断面图识图

纵断面图是沿中线方向绘制的反映地面起伏和纵坡设计的线状图，它可表示出各线路纵坡的大小和中线位置的挖填尺寸，是线路设计和施工中的重要资料。

纵断面图是以中桩的里程为横坐标、以其高程为纵坐标而绘制的。常用的里程比例尺有 1：5000、1：2000 和 1：1000 等几种。为了明显地表示地面起伏，一般高程比例尺是里程比例尺的 10 倍或 20 倍。如里程比例尺用 1：1000 时，则高程比例尺取 1：100 或 1：50。

如图 3-5 所示，上半部从左至右绘有两条贯穿全图的线。一条是细的折线，表示中线方向的实际地面线，它是根据桩间距离和中桩高程按比例绘制的；另一条是粗线，表示路线纵向坡度。

此外，在图上还注有：水准点位置、编号和高程；桥涵里程、长度、结构与孔径；同其他路线交叉的位置与说明；竖曲线示意图及曲线要素；施工时的填挖高度；等等。有时还要注明土壤地质和钻孔资料。

下半部为 6 格横栏数据表，自下而上填写的内容为：

（1）直线与曲线。

直线与曲线是按中线测量资料绘制的中线平面线形示意图。直线部分用居中直线表示，曲线部分用凸出的折线表示，上凸者表示路线右转弯，下凸者表示路线左转弯，并在凸出部分注明交点编号和圆曲线半径、缓和曲线长度；在不设曲线的交点位置，用锐角折线表示。

（2）里程。

一般按比例标注百米桩和公里桩。

（3）地面高程。

按中平测量结果填写相应里程桩的地面高程。

（4）设计高程。

按中线设计的各里程桩的设计高程。

图中（道路设计纵断面图）主要标注内容：

- $BM_{24}H=24.114$
- 1-1.5板涵　K9+120
- 1-2.0板涵　K9+240
- 右侧20 m石头土　K9+350
- $R=1400$ m　$T=31.5$ m　$E=0.35$　K9+540
- $R=1400$ m　$T=31.5$ m　$E=0.35$
- 1-3.0拱涵　K9+618
- $R=2400$ m　$T=30$ m　$E=0.19$　K9+800
- $R=1800$ m　$T=30.6$ m　$E=0.26$　K9+950
- 9.72、5.32、6.07、3.07

纵坐标 高程/m：30、25、20、15、10、5、0、−5
横坐标 里程/m

地面标注数值：1.67、1.73、7.77、1.30、17.29、4.98、1.82、3.18、6.41、0.43、0.69

土壤地质	风化砂岩				砂　岩		细　砂		风化砂岩		
坡度/(°)	0.5				540	110	4.0	0.5	150	150	2.0　1.4　50
设计高程/m	7.02	7.52	8.02	8.52	9.02	9.25	7.32	5.57	5.88	4.07	3.77
地面高程/m	8.69	9.25	15.79	9.82	26.31	14.50	5.50	8.75	12.29	4.50	3.08
里程/m	K9	1	2	3	4	5	6	7	8	9	K10
直线与曲线	JD_6 $R=600$ m		JD_7 $R=100$ m $l_s=35$ m			JD_8 $R=70$ $l_s=35$ m			JD_9 $R=600$ m		

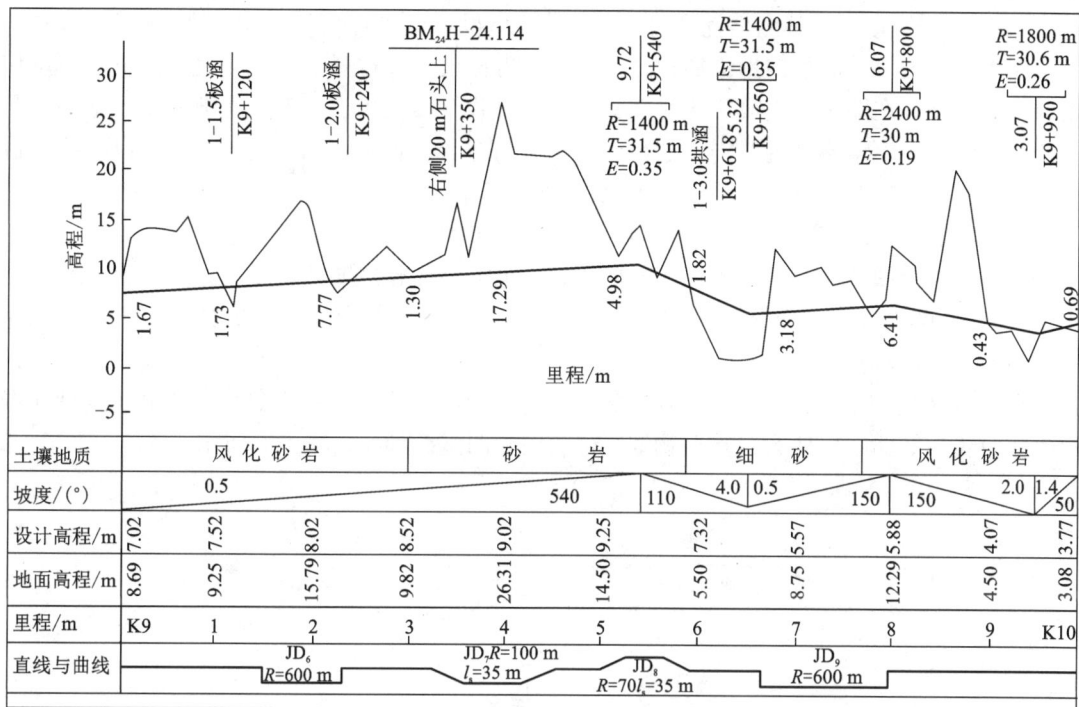

图 3-5　道路设计纵断面图

（5）坡度。

指设计坡度。从左至右上斜者表示上坡（正坡），向下斜者表示下坡（负坡）；斜线上以百分数注记坡度的大小，斜线下注记坡长。水平路段坡度为零。

（6）土壤地质。

标明路段的土壤地质情况。

2. 纵断面图的绘制

（1）打格制表，填写有关测量资料，用透明毫米方格纸按规定的尺寸绘制表格，填写里程、地面高程、直线与曲线等资料。

（2）绘制地面线。

首先在图上确定起始高程的位置，在图上的适当位置绘出地面线。一般将高程的 10 m 整倍数置于毫米方格纸的 5 cm 粗横线上，以便绘图和阅图。然后根据中桩的里程和高程在图上按纵、横比例尺，依次点出各中桩地面位置。用直线连接相邻点位即可绘出地面线。在山区高差变化较大的地区，当纵向受到图幅限制时，可在适当地段变更图上高程起算位置，这时地面线将构成台阶形式。

（3）计算设计高程。

根据设计纵坡坡度 i 和相应的水平距离 D，按下式便可从 A 点的高程推算 B 点的高程：

$$H_B = H_A + D \times i_{AB}$$

式中：i 值上坡为正，下坡为负。

（4）计算填挖尺寸。

$$某点填挖高度=该点设计高程-该点地面高程$$

同一桩号的设计高程与地面高程之差，计算为正表示该桩号的填土高度，为负则表示该点的挖土深度。在图上填土高度应写在相应点纵坡设计线之上，挖土深度则相反。地面线与设计线的交点为不填不挖的"零点"，零点也给以桩号，位置可由图上直接量得，以供施工放样时使用。也有在图上专用一栏注明填挖尺寸。

（5）在图上注记有关资料，如水准点、桥涵、竖曲线等。

路线纵断面图的绘制工作可用人工的方法，也可用计算机辅助制图的方法。上述绘图工作中，路线中线地面纵断面图的绘制是首要工作，其他绘制与说明事项是次要工作。

3. 竖曲线的测设

在路线纵坡变化处，为了行车的平稳和满足视距的要求，用一段曲线来缓和，这种曲线称为竖曲线。竖曲线一般为二次抛物线，有凸型和凹型两种，如图3-6所示。

图3-6 竖曲线

如图3-7所示，两相邻纵坡的坡度分别为 i_1，i_2，竖曲线半径为 R，两相邻纵坡的坡度差为：

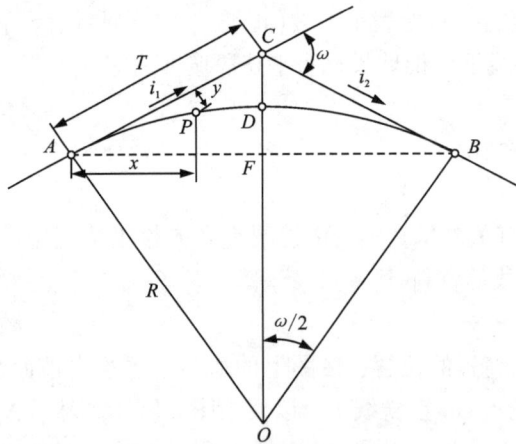

图3-7 竖曲线测设元素

$$\omega=i_1-i_2$$

竖曲线测设元素为：

曲线长：

$$L=R\cdot\omega$$

48

切线长：

$$T = R \cdot \tan \frac{\omega}{2}$$

外矢距：

$$E = \frac{T^2}{2R}$$

竖曲线上任一点 P 距切线的竖距(亦称高程改正值)计算公式：

$$y = \frac{x^2}{2R}$$

式中：x 为竖曲线上任一点 P 至竖曲线起点或终点的水平距离；y 为其值在凹型竖曲线中为正号，在凸型竖曲线中为负号。

二、路线横断面测量

路线横断面测量的主要任务是在各中桩处测定垂直于道路中线方向的地面起伏情况，然后绘成横断面图。路线横断面图是设计路基横断面、计算土石方和施工时确定路基填挖边界的依据。路线横断面测量的宽度，由路基宽度及地形情况确定，一般要求中线两侧各测 15~50 m，测量中距离和高差一般准确到 0.05~0.1 m 即可满足工程要求。

(一)横断面方向的测定

1. 直线段上横断面方向的测定

直线段横断面方向一般采用方向架测定。如图 3-8 所示，将方向架置于桩点上，以其中一方向对准路线前方(或后方)某一中桩，则另一方向即为横断面的施测方向。

2. 圆曲线上横断面方向的测定

圆曲线横断面方向为过桩点指向圆心的半径方向。一般在方向架上安装一个能转动的定向杆来施测。如图 3-9 所示，首先将方向架安置在 ZY(或 YZ)点，用 ab 杆瞄准切线方向，则与其垂直的 cd 杆方向即是过 ZY(或 YZ)点的横断面方向；转动定向杆 ef 瞄准桩 1，并固紧其位置。然后，移动方向架于桩 1，cd 杆瞄准 ZY(或 YZ)点，则定向杆 ef 方

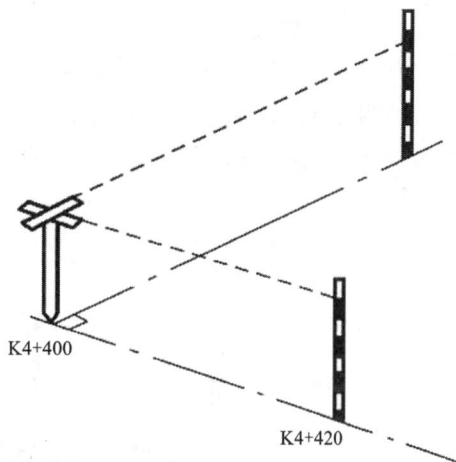

图 3-8　直线上横断面方向测定

向即是桩 1 的横断面方向。若在该方向立一标杆，并以 cd 杆瞄准它时，则 ab 杆方向即为切线方向，可用上述测定桩 1 横断面方向的方法来测定桩 2 的横断面方向。

3. 缓和曲线上横断面方向的测定

在缓和曲线段，若获得桩点至前视(或后视)点的偏角便可获得该点的法线方向，即横断面方向。如图 3-10 所示，设缓和曲线上任一点 D，前视点 E 偏角为 δ_q，后视点 B 偏角为 δ_h。

49

δ_q、δ_h 可从缓和曲线偏角表中查取。施测时置全站仪于 D 点，以 $0°0'00''$ 照准前视点 E（或后视点 B），再顺时针转动照准部，使读数为 $90°+\delta_q$（或 $90°-\delta_h$），此时全站仪视线方向即为所求 D 点的横断面方向。

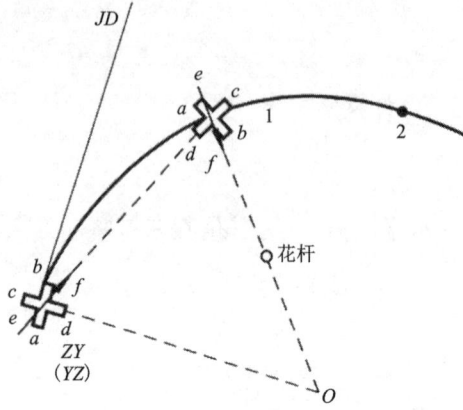

图 3-9　圆曲线上横断面方向测定

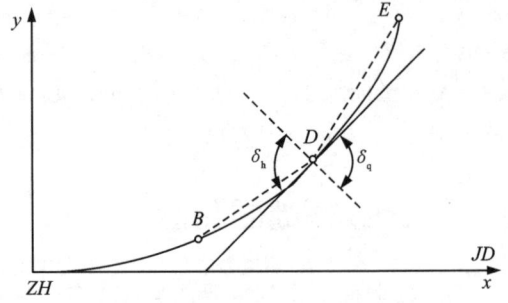

图 3-10　缓和曲线上横断面方向测定

（二）横断面测量方法

1. 花杆皮尺法测量横断面

当横断面精度要求较低时，多采用花杆皮尺法。如图 3-11 所示，A、B、C ……为横断面方向上所选定的变坡点。将花杆立于 A 点，从中桩处地面将皮尺拉平量至 A 点的距离，精度至 dm，并测出皮尺截于花杆位置的高度，精度至 cm，即 A 点相对于中桩地面的高差。

同法可测得 $A—B$、$B—C$ ……的距离和高差，直至规定的横断面宽度为止。中桩一侧测完后再测另一侧。以分数形式记录，分子表示高差，分母表示平距，见表 3-3。

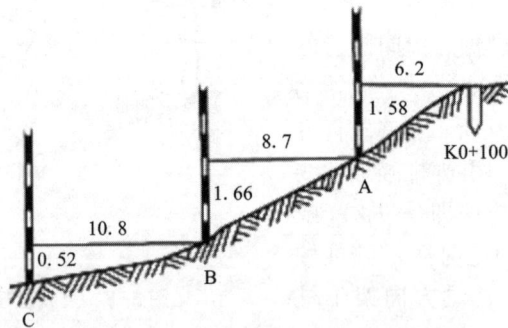

图 3-11　花杆皮尺法测横断面

50

表 3-3 花杆皮尺法测量横断面记录表

左侧			中桩	右侧		
$\dfrac{-0.52}{10.8}$,	$\dfrac{-1.66}{8.7}$,	$\dfrac{-1.58}{6.2}$	K0+100	$\dfrac{+1.12}{5.2}$,	$\dfrac{+0.60}{8.5}$,	$\dfrac{+0.84}{7.2}$
…			…	…		

2. 水准仪皮尺法测量横断面

当横断面精度要求较高、横断面方向地面平坦时，多采用水准仪测量。如图 3-12 所示，水准仪安置后，以中桩地面高程点为后视，以中桩两侧横断面方向地形特征点为前视，水准尺上读数至 cm。用皮尺分别量出各特征点到中桩的平距，量至 dm。记录表格见 3-4。

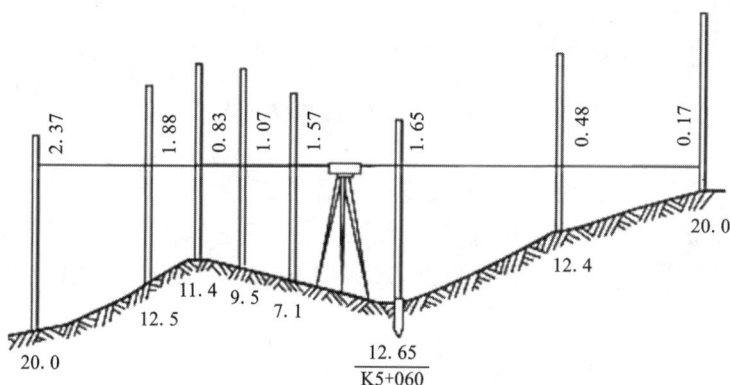

图 3-12 水准仪皮尺法测横断面

表 3-4 水准仪皮尺法测量横断面记录表

桩号	各边坡点至中桩的水平距离/m		后视读数	前视读数	各边坡点至中桩的高差/m	备注
K5+060		0.0	1.65	—		
	左侧	7.1		1.57	+0.08	
		9.5		1.07	+0.58	
		11.4		0.83	+0.82	
		12.5		1.88	−0.23	
		20.0		2.37	−0.72	
	右侧	12.4		0.48	+1.17	
		20.0		0.17	+1.48	

3. 全站仪对边测量程序测量横断面

全站仪于中桩附近任意位置设站，简易棱镜分别立于中桩地面和中桩左右两侧变坡点上，利用全站仪的测量程序"对边测量"，测量各变坡点与中桩地面之间的水平距离和高差，如图 3-13 所示。

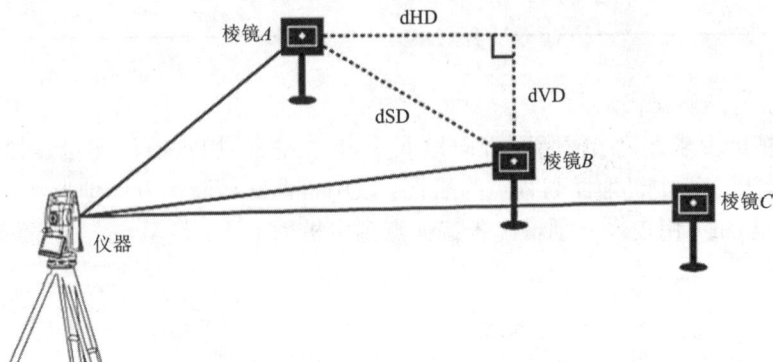

图 3-13　全站仪对边测横断面

以南方 NTS-500 全站仪为例，对边测量程序观测过程如下：

(1)任一点安置全站仪，主菜单选择"程序"，进入"对边测量"，如图 3-14(a)所示。

(2)照准立于 A 点的棱镜，单击"测角 & 测距"键，显示仪器和棱镜 A 之间的平距，单击"完成"键，如图 3-14(b)所示。

(3)选择照准下一个目标，即立于 B 点的棱镜，单击"测量"或单击"计算"显示测量结果，如图 3-14(c)所示。

dHD：起始点与测量点之间的平距。

dVD：起始点与测量点之间的高差。

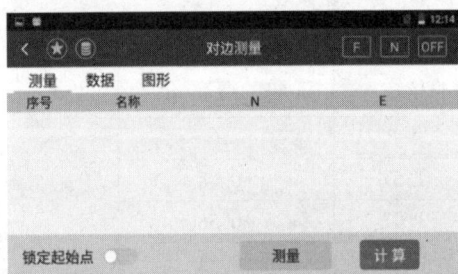

(a)

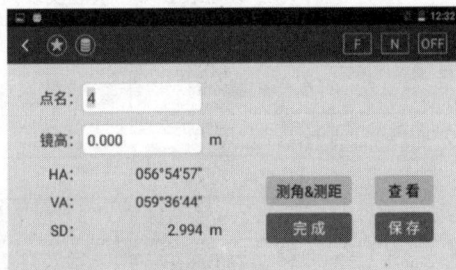

(b)

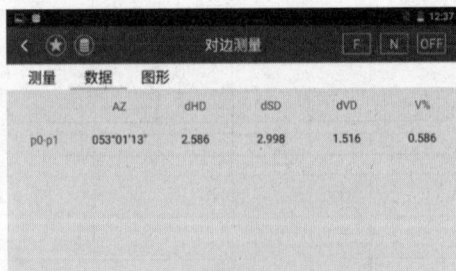

(c)

图 3-14　全站仪对边测量程序

(三) 横断面测量精度

横断面测量的误差, 应不超过下列限值:

高程: $\pm\left(\dfrac{h}{100}+\dfrac{l}{200}+0.1\right)$ m

距离: $\pm\left(\dfrac{l}{100}+0.1\right)$ m

式中: h 为检测点相对于中桩的高差; l 为检测点至中桩的水平距离。

(四) 横断面图的绘制

一般采用 1:100 或 1:200 的比例尺绘制横断面图。由横断面测量中得到的各点间的平距和高差, 在毫米方格纸上绘出各中桩的横断面图, 如图 3-15 所示。绘制时, 先标定中桩位置, 由中桩开始, 逐一将特征点画在图上, 再直接连接相邻点, 即可绘出横断面的地面线。

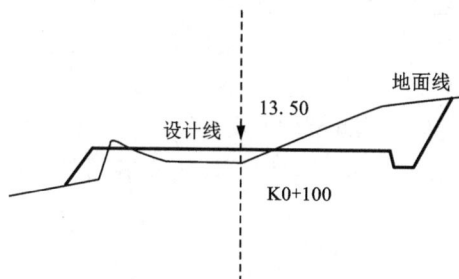

图 3-15　绘制横断面图

线路横断面图按桩号先后顺序, 在图幅内自上而下、从左到右地均匀布置, 且每行的横断面图中线应在同一条线上。目前横断面图的绘图基本采用计算机辅助绘图。

横断面图画好后, 将路面设计的标准断面图套到该实测横断面图上。也可将路基断面设计线直接画在横断面图上, 绘制成路基断面图, 如图 3-16 所示。

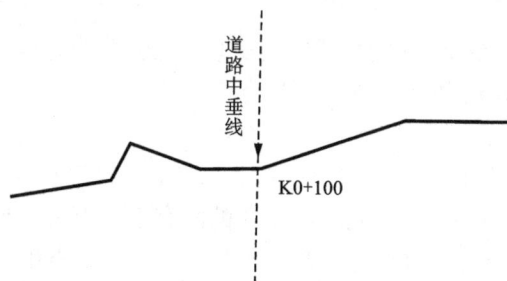

图 3-16　设计路面横断面图

根据设计横断面和地面线组成的图形, 可量出各横断面的填、挖方面积。当每一个横断面的填、挖方面积求得后, 再按断面法计算整条线路的土石方量。

单元四　既有线测量

新线在交付运营之后，由于列车不断的运行以及自然因素的影响，线路的平、纵断面位置都会发生变化。既有线勘测是对既有铁路的线路、站场的平面、纵断面组合状况及建筑物、设备的空间位置所进行的调查和测绘，经过整理使其全面反映既有铁路的状况，为铁路大修、改建及增建第二线的技术设计提供翔实的资料。既有线测量测绘资料也是日常运营管理、线路的正常维修、养护和特殊情况下线路修复的重要依据。

既有线大修、改建及增建第二线的勘测设计工作分阶段进行。阶段的划分，要根据既有线的具体情况和改建方案的确定程度决定。如对于长大干线，一般经过初测、编制初步设计、定测、编制施工设计等勘测设计阶段。

既有线测量的内容有线路平面测绘（包括里程丈量、中线测量、地形测绘）、纵断面测量、横断面测量及站场测绘等。各勘测设计阶段由于其目的不同，因此对某些测量资料的深、广度的要求也不同。

既有线测量是在运营的铁路线上进行，要力求不干扰正常的运输生产，要保证行车和测量工作的安全。为此，测量队要制定切实可行的安全措施和制度，测量工作人员必须严格遵守有关规定和制度。

一、线路平面测绘

（一）线路里程丈量

线路里程丈量又称百米标纵向丈量或纵向丈量，是沿着既有线丈量，定出既有线的公里标、半公里标、百米标及加标作为勘测设计和施工的里程依据。

1. 纵向丈量

线路里程丈量起点，应由《设计任务书》规定。按工务部门的习惯，一般从指定的道岔岔尖开始，或从指定的车站中心或桥梁建筑物中心的既有里程引出；支线、专用线与联络线等，以联轨道岔岔尖为里程起点，按其原有里程连续推算。所有起点里程均应与既有线文件里程取得一致。

里程丈量按原里程的方向（一般为下行方向）连续进行，如现定下行方向与原定里程方向相反，应在任务书中规定里程方向。双线区段里程沿下行方向丈量，并行直线地段的上行里程采用下行线里程向上行线投影的方法来确定，使两线里程一致；曲线地段，宜从曲线测量起点（简称曲起点）开始分别丈量，并在曲线测量终点（简称曲终点）外的直线上取得投影断链。当曲线间的夹直线较短时，可几个曲线连续丈量，在最后一个曲线测量终点的直线上取得投影断链。当上行线为绕行线时，应单独丈量，外业断链应设在绕行线终点外的百米标处，困难时可设在以 10 m 为单位的加标处，不应设在桥、隧及车站等建筑物和曲线范围内。车站内的里程丈量沿正线进行。

里程丈量原则上在线路中心线上进行。实际工作时，除曲线范围内在线路中心线上丈量外，在距曲线起、终点 40~80 m 以外的直线地段沿左轨轨顶丈量或将线路中心线平行移到路肩上，沿路肩丈量。设有轨道电路的线路，里程丈量时应采用绝缘措施，以保证列车正常运行。

里程丈量使用的钢卷尺应经过检定或已检定过的钢卷尺比长。尺长误差大于尺长的 1/10000 时，应在量距时改正；当丈量时的温度与钢卷尺检定时的温差等于或大于 9℃ 时，还应进行温差改正；如线路大于 13‰ 时，量距时仍平铺拉链，尚应考虑倾斜改正。

量距一般应由两组人员持不同长度的钢卷尺依次向前丈量。两组丈量结果每公里核对一次，当相对误差不大于 1/2000 时，以第一组丈量的里程为准；如精度超限，由第二组重新丈量，当确信无误后，应立即通知第一组重新丈量并改正，之后，再继续前进。既有线丈量里程应与原有桥、隧及车站等建筑物里程核对，其差数应记录手簿上。

在既有线测量中，因为测量时不能准确定出曲线起、终点，整正时可能取用不同的曲线半径或缓和曲线而改变曲线起、终点位置，而且在曲线两端有时存在称为"鹅头"的小弯，必须一同整正，所以应将曲线测量的起、终点延伸到曲线直缓、缓直两点外各 40~80 m 的直线上。既有线曲线地段的线路轨道中心在距外轨轨顶内侧 1/2 标准轨距处，测量时用轨距方尺可定出线路中心位置。

2. 加标的设置

线路里程丈量应按实测里程位置设置公里标、半公里标、百米标和加标。纵向丈量到设标位置时，先用轨道方尺将点平移到钢轨顶、侧面画粉笔线，用钢刷除去铁锈后，用白油漆在左轨外侧腹部按粉笔位画竖线（左轨为曲线外轨时，内轨外侧也要画竖线），在左轨竖线左侧标注公里整数，右侧标注里程零数。公里标和半公里标应写全里程，百米标和加标可不写公里数。如图 4-1 所示。设置加标的地点和里程取位的规定如下：

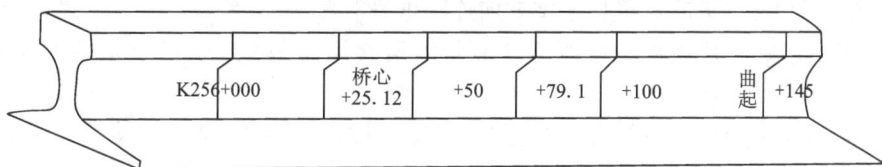

图 4-1

①曲线测量范围，里程为 20 m 整数倍的点；直线段里程为 50 m 整数倍的点。

②桥梁中心、中桥以上的桥台挡砟墙前缘和桥台尾，隧道进出口、车站中心、进站信号机及远方信号机等处，取位至 cm。

③涵渠、渡槽、平交道口、跨线桥、坡度标、曲线控制桩、跨越线路的电力线、通信线和地下管线等中心、新型轨下基础、站台、路基防护、支挡工程的起始点和中间变化点等，取位至 dm。

④地形变化处，路堤、路堑边坡的最高和最低处，路堤、路堑的交界处，路基宽度变化

处，路基病害地段等，取位至 m。

拟加设的加标具体位置，最好在里程丈量前，用粉笔画在钢轨腹部，并在轨枕头部注明名称。所有百米标及加标的里程，均应记录，其格式见表4-1。

表4-1　丈量记录表

记录者　　　　　　　　　　　　年　　　月　　　日　　　天气

里程及百米标	加标	丈量结果			差数	校正	附注
		第一次	第二次	检查			
364+100		100	100				
	142						通信线交叉中心
	152.15						台前
	164.45						桥梁中心
	176.75						台尾
	187						220 V 电力线交叉中心
364+200		100	99.99		-0.01		
	250.70						平交道中心
	256.50						直缓标
364+300		100	100.02		+0.02		
	336.50						缓圆标
	339.85						涵心

3. 里程丈量标准

（1）使用工具要求：绝缘长钢尺。

（2）里程测量应从车站、桥梁中心、隧道进出口、道岔岔尖、公里牌及其他永久性建筑物中心的既有里程引出，按原有里程递增方向连续推算。

（3）量距采用钢卷尺或激光测距方法测量。钢卷尺测距、全站仪或光测距仪测距取位至 mm。

（4）量距采用的钢卷尺应该经检定或与检定过的钢卷尺比长，尺长相对误差大于1/10000 时，应在测距时改正。

（5）采用钢卷尺量距时，尺长还应加入温度改正值，其值应按表4-2检定改正。

表4-2　尺长温度改正值　　　　　　　　　　单位：mm

空气温度/℃	+40	+30	+20	+10	0	-10	-20	-30	-40
30 m 钢卷尺改正值	-7	-4	0	+4	+7	+10	+14	+17	+21
50 m 钢卷尺改正值	-12	-6	0	+6	+12	+17	+23	+29	+35

注：①本表按钢卷尺检定时的气温归化化为20℃计算；②如用作距离改正值，则正负号与表列相反；③改正值按公式 $\Delta l = \alpha l (t - t_0)$ 计算。

（6）采用钢卷尺丈量中线里程时，应满足下列要求：

①测量方法：直线地段可沿轨面丈量；曲线地段（包括曲线起、终点外 40~80 m）应沿线路中心丈量，如仍沿轨面丈量，则应计算改正值（即弧长差），每丈量一尺段都要改正；车站内应沿正线丈量。

②里程应使用钢卷尺丈量两次，相对误差在 1/2000 以内时，以第一次丈量的里程为准。

③在设有轨道电路的地段丈量时，应采取绝缘措施。

④量距时所用的拉力宜与检定或比长时的拉力一致，30 m 钢卷尺丈量时，拉力宜为 98 N；50 m 钢卷尺丈量时，拉力宜为 147 N。

（7）既有双线地段的里程宜沿下行线测量，当里程按上行线延伸时，也可沿上行线测量。沿下行线测量时，并行地段的上行线里程应对应下行线里程（按下行线投影里程）。非并行地段应单独测量。断链宜设在百米标处，困难时可设在以 10 m 为单位的加标处，不应设在桥、隧及车站等建筑物和曲线范围内。

（8）里程丈量时，应设公里标、半公里标、百米标和加标。公里标和半公里标应写里程。

4.里程丈量方法

选用正确的公里标或大型建筑物中心的既有里程为基点引出。一般有三种方法。

（1）丈量里程钢卷尺（必须使用绝缘钢卷尺）在使用前必须经过计量单位或测绘单位检定通过，所用钢卷尺的精度应达到 1/10000。设计及复核人员记录设计所需设备资料，包括道床厚度、路肩宽窄、水沟盖板、桥梁挡碴板、信号机、绝缘、电务车辆等其他附属设备，道岔、曲线、道口、桥梁、隧道等起始位置及桥梁偏心，曲线测量时在测量线间距、控制桩限界等情况，要求准确、详细，以便于设计时备考。

在里程丈量中，首先要看清钢卷尺的零起点，前后各一人拉尺，中间至少应有一人扶尺，一人用白油漆标记。丈量时应随时保持钢卷尺在钢轨面上，特别注意曲线、长大坡道里程的丈量时要计算出其线路的里程，坡度地段的修正量（缩短量和放长量，坡度大于 20‰时）。

里程丈量一般由两组人员（每组 5 人）持相同长度的钢卷尺错位丈量，每丈量一公里进行校核，当误差不大于 1/2000，以第一组丈量的里程数据为准，第二组以第一组丈量终点作为起点继续错位丈量；如果精度超限，两组重新按上述方法丈量在误差范围内之后，再继续向前丈量。既有线里程丈量应与原有桥、隧及车站等建筑物里程核对，其差数应记录，并与设备台帐核对。

一般情况下，区间直线地段可选择 50 m 为一链，曲线 20 m（或 25 m）一链（直线状态不良、缓和曲线、道岔地段应加密钢轨的测点并标记，一般为 10 m 或者 5 m 一点，圆曲线一般为 20 m 或 10 m 一点）。丈量过程中，前后链及拉链人员应保证丈量同步，前链人员应在轨枕上标记里程全标，后链进行核对。油漆标记人员也应及时核对标志是否正确，发现错误，及时通知丈量人员修改标记里程。每次丈量工作完成后，前后链人员应对钢卷尺进行清洗，保证量尺干净。

（2）采用激光测距仪进行里程丈量。

使用徕卡 D5（D510）激光测距仪，提高里程丈量精度。其由激光发射器和反射板组成。激光发射器固定在一个可调云台上，云台固定在磁力底座上。调节激光发射器方向时，将云台的阻尼调至适当大小，再用手握紧激光发射器，调整方向使之对准反射板。

使用激光测距仪人员应备齐电池，读数要细心。拿反射板人员，应根据标志间距，快速数枕木数,及时找出标记点大致位置,油漆标记人员用小钢卷尺找出准确位置,并用测距仪核对无误后再标记于轨腰上。

(3)采用全站仪测设坐标。

通过全站仪野外采集的坐标点数据,导入CAD图中并连接成一条线,从而计算出各测点里程。

(二)中线测量

既有线中线,特别是曲线地段的中线,由于受到列车强大的横向推力作用,常常会离开原设计的正确位置而发生移位。线路中线平面测绘,主要是沿既有铁路中心线进行方向测量,包括直线方向、曲线偏角和分弦(20 m)的角度或矢距。中线测量的成果结合里程丈量所得纵向长度,用来整正线路,进行线路平面计算和坐标计算。

中线测量应连续贯通。测量起、终点及不大于30 km处,应与国家大地原点(三角点、导线点)或其他单位不低于四等的大地点联测;当联测有困难时,可观测真北。测量要求与新线中线测量相同。

1.中线外移桩的设置

在运营线上进行线路中线测量时,为了保证人身和行车安全,常将中线平行移到路肩上,并用桩加以标定作为测量和施工的依据。在列车对数很少的线路上,也可以不设置外移桩而沿线路外轨进行测量,但必须有严格的安全措施。沿轨道测量的优点是工作简便、测量精度高;但是测量后,日常的维修养护和列车的日常运行,使得测量时所提供的各种控制点,将产生不同程度的移位,因此测量时所提供的各种数据、资料精度将难以保证。

设置外移桩,一般用轨道方尺或经纬仪定出与中线垂直的方向,用钢卷尺顺垂直方向按所定的外移距量出线路中心至外移桩的距离,钉桩定点,作为中线测量的转点。为了行人安全和保护外移桩,应将桩顶打到与地面齐平。外移桩一般测量两次,较差小于5 mm时,以第一次为准。

外移桩距线路中心的距离一般为2~3 m,并尽量设在线路的同一侧,直线地段宜设在左侧路基上,曲线测量范围一般设在曲线外侧。外移桩应注明里程,但不用编号。在同一曲线范围内的外移距应相等,在同一条线路上的外移桩的外移距也宜相等。外移桩换侧应在较长的直线段上测设平行线,在两个外移桩上置镜,按线路两侧的外移距之和,量直角放出相等的垂直距离,测设对侧的两个外移桩。

直线地段外移桩间或中线转点间距离一般为200~400 m,不应大于500 m,桩与桩之间应通视,并尽量设置在公里标和半公里标处。每设置一个标桩,都应及时记入手簿,并注明左、右侧位置及外移距离等。

同曲线测量起、终点相连的直线段,一般应设两个与曲线外移桩同侧等距的外移桩,夹直线较短时也应设1~2个外移桩或转点,以便确定切线方向。曲线测量的转点(置镜点)间的距离,采用偏角法时不宜大于300 m;采用光电测距仪极坐标法时不宜大于500 m;采用矢距法时,根据曲线半径选用置镜点和外移桩间的距离,半径在200~350 m时距离为60 m,350~500 m时为80 m,500 m以上时为100 m。采用偏角法和极坐标法测量虽然可用较长的转点距离,但为便于恢复曲线的测时位置,曲线地段外移桩间的距离宜为100 m。

中线测量可沿外移桩或线路中线进行,也可沿一条钢轨中心进行测量。

随着测量方法的改变，外移桩用作置镜点的情况已逐渐减少，在有些既有线上只起到护桩的作用。但设置外移距相等的平行于线路的外移桩形成统一而有规律的标志，便于测设、记录和恢复中线位置，因此在有条件设置外移桩的既有线上仍需按要求设置外移桩。

2. 直线测绘

直线地段中线测量，是在外移桩上或在线路中心、左轨中心的转点上安置经纬仪，用测回法测量外移桩间的转向角，一般测量一个测回。当直线段有大中桥、隧道、站台、挡墙、跨线桥等控制线路位置的建筑物时，还要测绘该段直线上的百米标和加标线路中心点位的偏角（直线段一般用支距法整正，可在外移桩直接测量线路中心的偏角），结合建筑物净空或工作线位置和限界整正线路。

3. 曲线测量方法

既有曲线测量，是为了给既有线选择合理的设计曲线半径及计算曲线的拨正量提供平面资料。既有线曲线测量方法有正矢法、矢距法、偏角法和极坐标法。正矢法由于操作、计算都比较简便，易于掌握，是铁路工务部门养护线路时用以拨道的常用方法，但是测量精度难以保证，在线路改建及增建第二线的勘测设计时很少被采用。既有曲线测量，早期采用矢距法（现已不用），后来多用偏角法，在使用光电测距仪后逐渐用任意点置镜极坐标法测量。近年使用全站仪配合电子手薄，采用坐标法测量既有曲线可实现内、外业一体化。

用偏角法测量既有曲线的方法与新线偏角法测设曲线基本相同，区别是在新线测量中是测设曲线，而既有线测量中是测绘曲线，即根据里程丈量设置的整20 m倍数的加标和建筑物的加标与设定的曲线起点里程差得出各测点（加标）的曲线长度 l，以曲线起点端直线为切线方向，测量出各测点（加标）的偏角 φ。

在测量前要根据既有资料和现场标志，估推 ZH、HY、YH、HZ 的里程，在 ZH 和 HZ 两端 40~60 m 的直线上设定曲线起、终点。在起点上置经纬仪开始测量各测点偏角至曲线终点，若距离较长或中间有障碍不通视时，可选择适当位置设转点。相邻两置镜点间的距离不大于表4-3中的规定。

表4-3　偏角法测量曲线相邻两置镜点间距离　　　　　　　　　单位：m

曲线半径	相邻两置镜点间距离	
	有缓和曲线地段	圆曲线地段
250~350	140	300
351~500	180	
501~800	240	
800 以上	300	

既有曲线测量可以在线路中线、外轨或外移桩上进行。在线路中线置镜测角时，按外轨上的里程标线，用轨道方尺检查或恢复中线点位。当置镜于外轨中心时，测点以里程标线处外轨中心对点。当置镜于外移桩测角时，应用轨道方尺定向，横尺（在尺上外移距处作标记）对点。

如图 4-2 所示，Ⅰ 点是曲线起点，Ⅱ 点位于 HY 点附近，分别在 Ⅰ、Ⅱ 等点置镜，测出其前方每 20 m 曲线点及控制点加标的偏角 i。每个偏角应用全测回法测量一个测回，当上、下两个半测回间角差在 30″ 以内时，取平均值。

为了检核转向角 φ，应每隔一个或几个中线外移桩测一个大偏角 β_1、β_2……，如图 4-3 所示。各转向角总和与大偏角总和之差，即为角度闭合差 $\Delta\beta$。

$$\Delta\beta = \sum \varphi - \sum \beta$$

《测规》规定，角度闭合差的容许值为：

$$\Delta\beta_{容} = \pm 30\sqrt{n}\,(″)\,(n \text{ 为置镜点数})$$

角度闭合差 $\Delta\beta \leq \Delta\beta_{容}$ 时，以各分转向角之和作为曲线的转向角值。

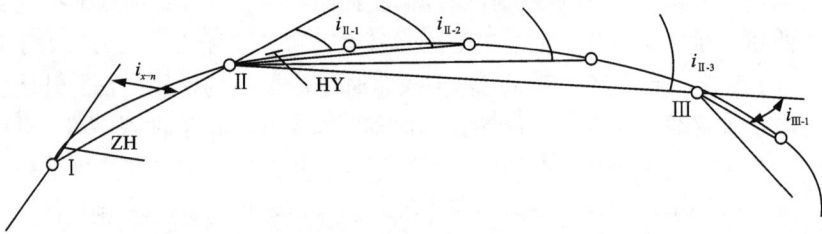

图 4-2　偏角法测量既有曲线示意图

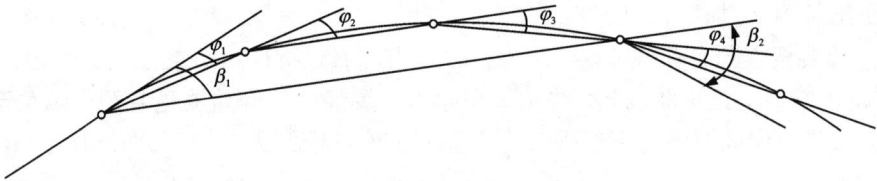

图 4-3　转向角检核示意图

(三)中线测量标准

(1)使用仪器要求：应使用通过鉴定的 2″ 级及以上的全站仪或经纬仪，每次测量前，应对仪器进行检测，确认仪器正常工作。

(2)每次测量曲线若用一台仪器，每条曲线转角应与设备台账进行对比，差别较大时重新测量，以便核对台账资料是否正确。

(3)依据《改建铁路工程测量规范》(TB 10105—2009)第 5.2 节中线测量相关规定。

(4)中线的方向测量应连续贯通，直线地段可沿外移桩、线路中心或与外移桩同侧钢轨中心测量。曲线地段沿线路或者外轨中心测量。由外移桩转至线路或钢轨中心进行方向测量时应在直线上换侧。

(5)长直线地段产生的小偏角符合表 4-4 的规定时可视为直线。

表4-4　直线地段允许的小偏角表

设计行车速度/(km·h^{-1})	允许小偏角 $\Delta\alpha$/(′)
200	6
≤160	12

当长直线产生的小偏角大于表4-4中的规定时宜按曲线进行测量,圆曲线的最小长度应符合《铁路线路设计规范》(GB 10098—2017)的规定。

(6)采用导线点测量曲线时,曲线测量的起点及终点,应设在既有直缓点和缓直点以外40~80 m处。起、终两个置镜点应分别与直线上的控制点联测,构成附合导线。

采用偏角法测角时,应在缓圆点及圆缓点附近整20 m加标处设置镜点,置镜点之间的距离不宜大于300 m。曲线测量时可沿线路中心或沿曲线外轨中心进行。

分转向角应观测一测回,当各分转向角之和与测得的总转向角不符值在 $15\sqrt{n}$ 以内,以分转向角之和为准。曲线上加标的偏角均应正、倒镜各测一次,两次较差在30″以内取平均值。

(7)采用导线点测量中线时,距离及竖直角单向观测一测回。两次距离读数满足本规范表3.5.5的规定时取平均值;竖直角两半测回间较差20″时取平均值;水平角正、倒镜各测一次,较差在20″以内时取平均值。

(8)曲线上的桥梁、隧道或主要道口等建筑物,应设控制点予以实测。

(9)既有双线并行地段的中线方向测量,直线地段只可测下行线,曲线地段应分别测量。非并行地段尚应对上行线中线方向与曲线进行施测。线间距以下行线的里程及法线方向为准,直线地段每100~200 m测量一处,曲线地段每20~40 m测量一处,取位至 cm。

(四)地形测量

既有线勘测一般应测绘1∶2000或1∶1000的地形图。既有线地形图应能全面反映路基边坡以内的建筑物、设备和线路状态,边坡以外的自然地形、地物和地貌,作为拆迁建筑物、路基加宽、路基防护、排水系统布置、土方调配以及进行增建第二线平面设计的依据。

地形测绘前,应收集既有地形图并进行现场核对,确认可以利用时可不重测,仅对宽度不足或地形、地物有明显变化的部分进行补测。在地形复杂地段,地形变化较大,而又要根据地形图进行既有线平面改建或增建第二线平面设计时,应重新测量1∶2的地形图。线路绕行地段,若距既有线较远,则应按新线进行地形测量。

地形测量一般在外移桩或导线点、基线点上进行。测图前,要先将既有线中线或基线、外移桩,站场股道、道岔、站台、房屋、标志、界桩及信号、机务、给水等设备,桥梁、涵洞、隧道、跨线建筑物、挡墙等工程建筑物的中心或两端的位置,道路、管槽、电力线、通信线及交叉位置等,根据中线测量、平面测绘和横断面等资料在底图上标绘出来,再测绘区间距线路中心、站内距站台或最外股道中心30 m以内及改建工程范围的地形,其测量方法与新线测图相同。

对既有线上及其两侧的建筑物、铁路标志、设备和有关地物等,在地形图上精度达不到要求或显示有困难时应进行调绘。调绘工作可在里程丈量之后并结合有关调查工作一并进行。线路调绘又称横向测绘,是对既有线两侧30~50 m的地物、地貌的调查测绘。调绘时,以纵向里程为纵坐标、横向距离为横坐标，以支距法进行测绘；测绘比例尺为 1：2000 或 1：1000，测绘结果必须在现场按比例描绘在记录簿上，记录簿中间一条上下直线代表线路中线，在其左右各 1 cm 画两条平行线用以代表路肩。

横向测绘开始前，先在室内根据纵向百米标丈量记录，将所测地段的百米标及加标，自下而上地抄在簿内中线右侧的 1 cm 宽度内；路肩上的各种标志则根据实际情况，画在中线两侧的路肩线内。测绘时，一人用方向架瞄准施测点，两人用皮尺以附近桩号为准，量出该点的纵向里程；再以中线为准量出横向距离。绘图时横向距离一般减去 3 m，以路肩线为零点，向两侧按比例绘图。每边的调绘宽度，一般以 20 m 为原则，重点工程及用地较宽处，再酌量加宽。在 30 m 以外的地物、地貌可用目估测绘。

测绘内容基本上可分为两大类。

1. 地貌、地物的调绘

地貌、地物的调绘包括山丘、河流、公路、小路、水塘、房屋、电杆、路堤与路堑分界点、取土坑、弃土堆等位置的调绘，并应注明情况。如河流应注明名称、流向及能否通航；公路应注明宽度、路面材料及去向；水塘、取土坑应注明深度；房屋，如属路产应与台账核对，如有拆迁的可能则应详细调查户主姓名、建筑材料类别、新旧程度等；通信线及电力线路应注明业主、电线对(根)数、电杆材料等，当其跨越线路时，应测出最低电线到轨顶的高度及电线与线路的交角；防护林，则应调查植物名称、树龄，并丈量距线路中心的距离；等等。行政区划分界线，水田、旱地、荒地等土地种类分界线，亦应调绘、核对。

2. 线路标志与设备的调绘

线路标志与设备的调绘包括路基上的各种标志、桥涵、平(立)交道口、排水设备以及挡土墙、护坡等的调绘。如坡度应注明坡度、坡长；曲线标应标明曲线要标明曲线要素；桥梁应按比例绘出平面示意，并注明中心里程及孔数，如系跨线桥尚应注明与铁路的交角及净空；平交道口，应注明宽度、与线路交角、防护栏栅类别、有无看守、每昼夜通车对数及行人情况；等等。沿线排水系统，应按着要求进行调查，特别是排水不良地段，要详细查明原因。当排水系统设备远离中线，而该设备有改造可能时，或排水特别困难地段，须测绘 1：500 或 1：1000 大比例尺地形图，或测绘排水沟及其纵、横断面。

二、线路高程测量

既有线高程测量，是为了核对或补设沿线水准点；测量既有线中桩(百米标及加标)的高程，作为纵断面设计的依据。

(一)水准点的设置

既有线水准点测量，要充分利用原水准点的点位、编号和高程资料，并应了解原水准点的高程系统。

1. 水准点的布设

既有线高程测量一般利用原有水准点，当原水准点遗失、损坏或水准点间距离大于 2 km 时，应补设水准点；在大、中桥及隧道口、车站及单独的场、段等处应有水准点，否则应予以增设。为方便桥涵施工，最好在一般小桥涵处设置临时水准点。增补的水准点，均应设置在拟修建第二线的另一侧，以防施工时受到破坏，并顺线路里程方向按原水准点或上一水准点的编号加注后标，如 BM35-1 等；而绕行地段则宜设置在绕行线同侧，且按新线要求设置水准点。

2. 高程系统

既有线高程应采用国家高程基准系统（1985 国家高程基准），如个别地段困难，可引用其他独立高程系统。但在全线高程测量接通后，应消除断高，换算成国家高程基准系统。

全线水准点的高程仍应连续测量贯通，与原有水准点高程的闭合差在 $\pm 30\sqrt{K}$ mm（K 为单程水准路线长度，以 km 为单位）以内时采用原有高程；如超过限制且确认原水准点高程有误时，可更改原有高程。新补设的水准点高程应从邻近的水准点引出，并闭合到另一水准点。

3. 水准点高程测量

水准点高程测量可采用水准测量和光电测距仪三角高程测量。用水准测量方法确定水准点高程时，可使用不低于 DS3 的水准仪，采用一组往返测量或两组并测。用光电测距仪或全站仪确定水准点高程时，所用经纬仪精度不低于 J2 级。测量方法及精度要求见《工程测量标准》（GB 50026—2020）。

（二）中桩高程测量

中桩高程，在线路直线地段为左轨的轨顶高程，曲线地段为内轨轨顶高程。

中桩高程测量路线应起闭合于水准点，并应测量两次。当闭合差在 $\pm 30\sqrt{K}$ mm 以内时，转点按个数平差后再推算中桩高程。转点高程取至 mm。测量两次中桩高程的较差在 20 mm 以内时，以第一次测量平差后的高程为准，取位至 cm。

1. 线路高程测量标准

（1）使用仪器要求：水准仪等级 DS3，水准仪应通过鉴定且每次测量前应对仪器进行检测，确认仪器正常工作。

（2）各等级水准测量适用范围及布点间距应按表 4-5 选用。

表 4-5　水准测量适用范围及布点间距表

测量项目	设计行车速度/(km·h⁻¹)	等级	点间距/m
水准基点	>160	三等	≤2000
	120~160	四等	≤2000
	≤120	五等	≤2000

（3）既有钢轨面高程测量，直线地段测左侧轨面，曲线地段应测内轨轨面并测量两次。速度在 160 km/h 及以下时，较差在 20 mm 以内时以第一次为准。

（4）既有钢轨面高程检测限差不应大于 20 mm。

2. 光学水准仪高程测量

1）安置水准仪

打开三脚架并使高度适中，目估使架头大致水平，检查脚架腿螺栓是否紧固、安置是否稳固、脚架伸缩螺旋是否拧紧，然后打开仪器箱取出水准仪，置于三脚架头上用连接螺旋将仪器牢固地固连在三脚架头上，保持仪器与脚架紧固。

2）整平

整平是借助圆水准器的气泡居中，首先将脚架两条腿左右摆正，控制气泡左右移动，另外一条腿对着自己，控制气泡前后移动，基本靠控制脚架腿来调平，差不太多时可以微调脚螺旋使气泡居中。我们现在使用的都是自动安平水准仪，可以自动调平，只要气泡居中就可以了。调平后仪器面对自己看气泡，气泡居中，再旋转 90°，看气泡也是否居中。如果不居中，说明仪器存在问题。在整平的过程中，气泡的移动方向与左手大拇指运动的方向一致。

3）瞄准水准尺

首先进行目镜对光，即把望远镜对着明亮的背景，转动目镜对光螺旋，使十字丝清晰。转动望远镜，用望远镜筒上的照门和准星瞄准水准尺，然后从望远镜中观察；转动物镜对光螺旋进行对光，使目标清晰，再转动微动螺旋，使竖丝对准水准尺。当眼睛在目镜端上下微微移动时，若发现十字丝与目标影像有相对运动，这种现象称为视差。产生视差的原因是目标成像的平面和十字丝平面不重合。由于视差的存在会影响读数的正确性，因此必须加以消除。消除的方法是重新仔细地进行物镜对光，直到眼睛上下移动，读数不变为止。此时，从目镜端看十字丝与目标影像都十分清晰。

4）读数

首先注意塔尺的节数，每一节都不一样，1 m 为一个黑点，2 m 为 2 个黑点，依此类推。注意一个大黑格为 20 mm，一个白格为 5 mm，读数一定要精确。我们测量线路时，由于有坡度，读出的读数会递增或递减，如果有突变，看是否竖曲线或者数字有误，如果有问题，则需要退回重新读数；若读数无误，则看附近是否有边坡点存在，这种情况基本属于竖曲线位置。转点时（我们现在全是双转），如果闭合差值太大，也需要返工重新测量。

5）记录

先看表 4-6，此表为供电检测所复测队的水平仪记录表。

表 4-6　复测中平计算表

××线										
测点里程	线别	后视读数	中视读数	前视	视线高	中间点	水准点	平差 1	平差 2	Σ后-Σ前=0	里程
TP1		2000					39.694				
1550000	1		1458								
1550050	1		1208								
1550100	1		1241								
1550150	1		942								
1550200	1		680								
TP2		1990		1598							
1550250	1		788								
1550300	1		535								
1550350	1		280								
1550400	1		10								
TP3		2320		1050							

续表4-6

测点里程	线别	后视读数	中视读数	前视	视线高	中间点	水准点	平差1	平差2	Σ后-Σ前=0	里程
1550450	1		989								
1550500	1		704								
1550550	1		438								
1550600	1		191								
TP4		2458		1295							
1550650	1	1120									
1550700	1		854								
1550750	1		547								
1550800	1		229								
TP5		2590		1318							
1550850	1		1220								

（1）表4-6的记录顺序为：①测点（里程点）；②线型类别（1上行线，2下行线）；③后视读数；④中视读数；⑤前视读数。记录的数字必须干净、整洁、整齐，不得随意涂改，有误时应斜线画掉以便数据的检查分析。

（2）现在水平仪测量为了数据的准确性和方便查找误差，转点都设置为"双转"，双转点是指轨面读数与路肩控制桩读数转点时分别读两遍，中间点每50 m也要设置控制桩，一方面便于检查数据的错误，另一方面可以帮助大修段控制抬道量。控制桩必须画在稳固、不易破坏的平面上。中间点记录对应里程点先记录轨面读数，轨面读数下面一格再记录控制桩读数；测量双线时，则对应里程点先记录上行轨面与控制桩读数，再记录下行轨面与控制桩读数。下一里程依此类推。

（3）FBM点记录，测量一般以两个FBM点之间的范围为一个闭合区段，如果FBM点有问题或遗失，则推到下一FBM点进行闭合。一般的FBM点记录，开始的第一个FBM点为后视点，前视为轨面和控制桩（一镜大概200 m），然后再以轨面和桩为转点，每一镜200 m，测量钢轨一路贯通过去，一直测到第二个FBM点，轨面与第二个FBM点为一镜，轨面与桩为后视点，第二个FBM点则为前视点，测完后，需要将所有的后视读数总和减去所有的前视读数总和，差值与两个FBM点的差值相减，数据符合闭合差要求方可采用，否则必须重测。

6）注意事项

（1）在上道测量之前，需要先校核仪器i角，如果误差太大，需要更换仪器。如果遇到特殊情况，没有可更换的仪器，则需要自己校正。水准仪盒子里有一根调节针，将仪器架在塔尺前后50 m等距位置，将两把塔尺分别固定放在两端各50 m处，测出其高差值，两把塔尺不动，再将仪器挪到一把塔尺旁边，测出两把塔尺的高差值，近于塔尺的读数不变，根据高差值调节另一把塔尺的读数，往返调节，最终使等距和不等距的高差值相等，则误差已经减小，符合规范要求。

（2）立尺时应站在水准尺后面，双手扶尺，使尺身保持竖直；钢轨轨面测量直线段时左、右股都可以放，曲线时要放在曲线下股。塔尺要放在FBM点上。

（3）前、后视距可先由步数概量，使前、后视距大致相等。

（4）读取读数前，应仔细对光以消除视差。

（5）观测过程中，若圆水准器气泡发生偏离，应整平仪器后重新观测；每次读数时都应进行精平。

（6）测量完毕后，应立刻检核，一旦误差超限，应立即重测。

（7）天气炎热，热浪大时要多看几次，取最精准的数据。

（8）来车时，一定要扶紧仪器和脚架，防止移动，造成返工。

3.天宝电子水准仪操作

（1）架好仪器准备测量前，首先开机，建立文件夹，点击"文件""项目管理""新建项目"，建立一个文件夹用来存储测量数据，文件夹名称、点号要记清楚，特别是转点的地方需要注明并记录轨面和控制桩的点号。

（2）电子水准仪在操作之前须设置测距，点击"配置""限差/测试""最大视距"，有50～100 m的距离设置，一镜看200 m时，我们设置100 m前后距离；高精准测量要求过高时，我们可以设置50 m前后距离甚至更短距离。

（3）开始测量，点击"测量""中间点测量""输入点号"，第一点为1，"代码"不用输，"基准高"输入1 m（这是一个算高程的常数，可以随机设置），然后点击"继续"，照准塔尺，十字丝中心点必须照准塔尺中部方可读出数据，否则读数失败。读数可以按屏幕下面的蓝色键或者右侧的蓝色键。

（4）天宝水准仪的塔尺属于一个整体，不能自由伸缩，两把塔尺比较长、比较宽，统一放在塔尺盒里用皮带扣住，使用塔尺时一定要轻拿轻放，不要磕碰边边角角，在塔尺左右侧有两个扶手，使用时左、右手抓紧两边扶手，看塔尺上的水平气泡，气泡居中后才可以读数，读出的数据才有效。

三、线路横断面测量

既有线横断面图是线路维修、技术改造时设计、施工的重要资料。既有线路基改扩建，是在既有路基上为拨道、起落道、改线、改坡、增建线路而进行加宽、加固、填切路基面的工程。在线路维修或改建时，要考虑到限界的要求，因此，对既有工程建筑与设备的位置、标高等，在测量横断面时均应详细测绘、记录。既有线横断面测量不但工作量大，精度要求也比新线横断面测量高。

（一）测绘宽度

一般横断面从既有线正线中心向两侧测绘，测绘到路基坡脚、堑顶以外20 m，或地界以外10 m。在改、扩建工程超出路基范围一侧，按设计需要确定横断面测绘宽度。

（二）横断面位置和密度

初测阶段只在路基个别设计工点：高路堤、深路堑、陡坡地段边坡最高点，路基宽度不足地段，并行不等高控制线间距地段，零断面处；路基与桥、隧、车站接头处，既有或改、扩建的路基支挡、防护工程及公里标等处实测控制性路基横断面。

定测阶段在百米标，改、扩建工程起、终点，路基边坡高度和路基面宽度突出变化点，路基与车站及其他既有、改、扩建的工程建筑物分界点,路基支护、防护工程及其结构类型、结构尺寸的变化点,地形、地质变化点等处都需测绘横断面。

线路横断面的密度应满足设计的需要。一般在直线地段不宜大于50 m,曲线地段不宜大于40 m,个别设计路基工点一般为10~20 m,复杂工点为5~10 m应测绘一个横断面。

(三)测绘内容

由既有正线中心起,顺序测出两侧的道床碴肩、碴脚,路基的路肩,侧沟或排水沟槽的沟底,路堤或路堑边坡变化点,路堤坡脚或路堑坡顶,取土坑及弃土堆的边缘、路基其他设备边沿、电线跨越横断面时两者的交叉点、电线高度以及所有的地面转折点、地物点等。对桥涵、挡土墙及护坡等工程基础,应根据开挖丈量资料,用实线画出。

横断面比例尺,一般采用1∶200,特殊情况可用1∶100或1∶500。线路中心线和轨面高程线应绘在纵、横方格的粗线上,图上要注明冠号、里程、轨面高程及特殊地物点如房屋、道路、灌渠、河边,以及地质、地类分界点等。

(四)测量方法及测量精度

横断面的方向可用轨道方尺、方向架或经纬仪测定。

横断面测绘中的距离,可用皮尺或钢卷尺丈量。距离应自轨道中心起算,但为了便于丈量,可自轨头内侧开始量起,以0.72 m(半个轨距)为起点;曲线上内轨有加宽,所以应从外轨的内侧量起,丈量曲线内侧的距离时应减去0.72 m。

测点高程,一般用水准仪测定。在每个断面上根据轨面高程求出其他点的高程;对于深堑高堤和山坡陡峻的断面,可用经纬仪斜距法、水准仪斜距法进行测绘,但路肩及其以上的测点仍应用水准仪测定。

测量精度要求:距离和高差都取位至cm;检查时的限差,高程为±5 cm,距离为±10 cm。图4-4为区间线路横断面示意图。

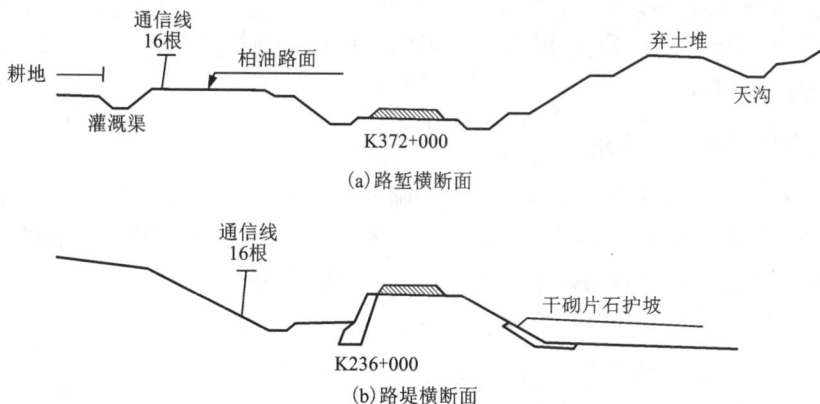

图4-4 区间线路横断面示意图

单元五　施工测量

一、桥梁施工测量

(一)概述

桥梁是铁路线路组成的重要部分,特别在我国兴起的高速铁路客运专线中,桥梁所占的比重更是大幅度提高。2018 年 8 月 14 日,我国在建的最长重载铁路——蒙华铁路峡河特大桥转体梁在近 40 m 的高空成功转体。这标志着蒙华铁路全线建设取得新的突破,为我国重载铁路桥梁转体高度创下新纪录。蒙华铁路峡河特大桥位于河南省南阳市境内,全长 879 m。此次转体梁体长 88 m,重 6818 t。在历时 98 min、旋转 38°后,该梁体在 38.9 m 的高空成功实现转体对接,误差不超过 5 mm。要实现"毫米级"的精准对接,测量至关重要。

在桥梁的勘测设计阶段,需要测绘各种比例尺的地形图(包括水下地形图)、河床断面图,以及提供其他测量资料。在桥梁的建筑施工阶段,需要建立桥梁平面控制网和高程控制网,进行桥墩、桥台定位和梁的架设等施工测量,以保证建造的位置准确。在建成后的管理阶段,为了监测桥梁的安全运营,充分发挥其效益,需要定期进行变形观测。因此,桥梁施工测量贯穿桥梁施工全过程,是保证桥梁施工质量的一项重要工作。

桥梁按其轴线长度一般分为特大桥、大桥、中桥和小桥四类。桥梁施工测量的方法及精度要求随桥梁轴线长度、桥梁结构而定,主要内容包括平面控制测量、高程控制测量、墩台定位、轴线测设等。

(二)桥轴线长度的测定

为了保证桥梁与相邻线路在平面位置上正确衔接,必须在桥址两岸的桥头线路中线上埋设控制桩,两控制点间的连线称为桥轴线,控制桩之间的水平距离称为桥轴线长度。由于墩、台定位时主要是以这两点为依据,因此桥轴线长度的精度直接影响到墩、台定位的精度。桥轴线长度的测定,可以采用全站仪直接测距。

(三)桥梁施工控制测量

1.桥梁施工平面控制测量

建立桥梁施工平面控制网的目的是测定桥轴线长度和进行墩、台位置的放样,同时也可用于施工过程中的变形监测。对于跨越无水河道的直线小桥,桥轴线长度可以直接采用全站仪测定,墩、台的位置也可以直接利用桥轴线的两个控制桩,采用全站仪或 GNSS RTK 坐标放样进行测设,无须建立平面控制网。但跨越水面较宽且有高墩、大跨、深水基础或基础施

68

工难度较大，梁部结构类型复杂，要求定位、放样精度较高的特大桥和重要大桥，应建立独立的施工平面、高程控制网。

跨河正桥施工平面控制网的测量等级应根据跨河桥长、大跨径桥梁的主跨跨距及桥型桥式、施工精度要求等因素，经过综合分析后确定，并不得低于表 5-1 的规定。各等级控制网中跨河桥轴线边的边长相对中误差也不应低于表 5-1 的规定。

表 5-1　跨河正桥施工平面控制测量等级和精度要求

跨河桥长 L/m	大跨径桥梁主跨 L_1/m	测量等级	跨河桥轴线边的边长相对中误差
2500<L≤3500	800<L_1≤1000	一等	≤1/350000
1500<L≤2500	500<L_1≤800	二等	≤1/250000
1000<L≤1500	300<L_1≤500	三等	≤1/150000
L≤1000	L_1≤300	四等	≤1/100000

注：①对于跨河桥长小于 1000 m 的桥梁或主跨小于 500 m 的大跨径桥梁，当桥址两岸已有足够数量的 CPⅠ、CPⅡ 控制点且能满足桥梁施工精度要求时，可直接利用。
②时速大于 120 km 的无砟轨道铁路桥梁的施工平面控制网精度等级不得低于三等。
③对于跨河桥长大于 3500 m 的复杂特大型桥梁或主跨大于 1000 m 的大跨径桥梁，应根据桥梁施工的必要精度进行专项设计。
④当跨河桥轴线方向上未埋设控制点时，则用近似平行于桥轴线的跨河边替代跨河桥轴线边来评定精度。

两岸引桥施工平面控制网宜在正桥控制网基础上布测，测量等级可较正桥施工平面控制网降低 1~2 个等级，但不得低于四等。

施工平面控制点应选在土质坚实、通视良好、避开施工干扰、易于保护的地方，并宜设在高处。GNSS 控制点点位应满足 GNSS 观测的需要。宜在桥轴线方向上每岸埋设 1~2 个轴线控制点，也可在桥轴线同侧 50~300 m 每岸埋设 1~2 个控制点，用以替代桥轴线控制点。导线控制测量应组成附合导线或闭合导线。附合导线或导线环的边数宜为 4~6 条，最短导线边边长不宜小于 300 m，相邻边长之比不宜小于 1∶3。三角网的布设应满足控制网精度和观测条件的要求。首级控制网可为测角网、测边网或三角网，亦可根据需要采用三角或精密导线测量方法加密控制网。首级控制网中岸上基线边应与桥中线近似垂直，其长度宜为桥轴线长度的 0.7 倍，困难时不应小于桥轴线长度的 0.5 倍。

2.桥梁施工高程控制测量

在桥梁的施工阶段，为了作为放样的高程依据，应建立高程控制网。水准点包括水准基点和工作点。水准基点是整个桥梁施工过程中的高程基准；工作点是为方便施工放样，在桥梁附近埋设的一些水准点，也可采用平面控制网的导线点作为工作点。水准基点应选在不致被破坏的地方，避开地质不良、过往车辆影响及其他振动影响的地方，同时不受桥梁和线路施工的影响。埋石时尽量埋在基岩上，并采取一些措施增加埋石的稳定性。水准基点除了考虑其在桥梁施工期间使用外，还要尽可能做到在桥梁施工完毕后能长期用作桥梁沉降观测之用。桥梁施工高程控制网的建立，应符合以下规定：

（1）水准点应沿着桥轴线两侧均匀布设，顺桥向点间距宜为 400 m 左右，并构成连续水准环。墩台较高、两岸坡陡时，可在陡坡上一定高差内加设辅助水准点，其精度必须满足施工要求。

（2）每岸水准点不应少于 2 个，并设在土质稳定、安全隐蔽和便于联测的地方。水准点应根据地质情况和精度要求分别埋设混凝土标石、钢管标石、岩石标石、管桩标石、钻孔桩标石或基岩标石。当工期较短、桥式简单、精度要求较低时，可在牢固稳定的建(构)筑物上设立施工水准点标志，但应加强检测。

桥梁施工高程控制网测量等级应根据要求精度进行设计，跨河正桥高程控制网的精度等级应符合表 5-2 的规定。岸上引桥施工高程控制网的精度等级可较跨河正桥低一个等级，但必须符合《铁路工程测量规范》(TB 10101—2018)表 4.7.4 规定的线路水准点的精度等级。

表 5-2 跨河正桥施工高程控制网测量等级

轨道结构	列车设计速度 V /(km·h^{-1})	跨河桥长 L/m		大跨径桥梁主跨 L_1/m		
		$L \leqslant 1000$	$L > 1000$	$L_1 < 300$	$300 < L_1 \leqslant 500$	$L_1 > 500$
无砟	$120 < V \leqslant 200$	二等	二等	二等	二等	二等
	$V \leqslant 120$	三等	二等	三等	三等	二等
有砟	$160 < V \leqslant 200$	三等	二等	三等	二等	二等
	$V \leqslant 160$	三等	二等	三等	三等	二等

注：当桥梁施工精度要求特别高或有其他特殊需求时，应进行专项设计。

桥梁两岸的水准点间高程联测和起算点高程引测，宜采用相应等级的水准测量方法，四等网也可以采用光电测距三角高程测量方法。仪器检验、观测及限差等技术要求应符合《铁路工程测量规范》(TB 10101—2018)第 4.2 节、第 4.3 节的有关规定。桥梁施工控制网宜按统一的单位权中误差确定各测段的权，进行整体平差。高程控制网的观测、记录及成果资料整理应符合规范要求。有关内容在前面单元已经介绍，在此不再重复。

(四) 桥梁墩、台中心的测设

在桥梁墩、台的施工过程中，首要的工作就是测设出墩、台的中心位置，这是桥梁墩、台施工中最重要的一个环节，其测设的精度直接影响到桥梁墩、台的施工精度。要测设墩、台的中心位置，首先要根据控制点的坐标和设计的墩、台中心位置来计算墩、台的测设数据，然后根据测设数据将桥梁墩、台的中心位置在实地上标定出来。放样的方法主要有直接测距法、交会法、全站仪坐标法或 GNSS RTK 放样法。

1. 直线桥的墩、台中心测设

直线桥的墩、台中心都位于桥轴线的方向上。墩、台中心的设计里程及桥轴线起、终点里程都是已知的，如图 5-1 所示。A、B 两点分别为桥轴线起、终点，1 井、2 井、3 井、4 井为桥梁墩台中心位置。相邻两点之间的水平距离等于该两点里程相减。根据地形条件，可采用直接测距法、交会法、全站仪坐标法或 GNSS RTK 放样法。

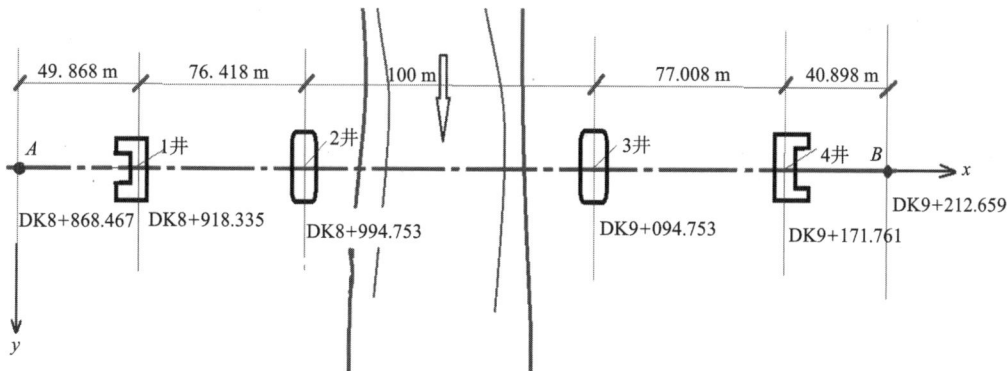

图 5-1　直线桥梁墩、台示意图

（1）直接测距法。

这种方法适用于无水或浅水河道。根据计算出的距离，用全站仪距离放样就可以把每一个桥梁墩、台中心位置测设出来。首先将全站仪和棱镜分别架设在桥轴线的起、终两点，并将全站仪照准棱镜，然后将放样的墩、台中心到测站点的设计距离输入全站仪。在桥轴线方向上设置棱镜，并前后移动棱镜，当全站仪所显示的距离差值（即实测距离与设计距离之差）为零时，则该点即为要测设的墩、台中心位置。为了减少移动棱镜的次数，当测出的距离差值较小时，可借助小钢卷尺量出距离差值，以快速定出墩、台中心位置。

（2）交会法。

当桥墩位于水中，无法丈量距离及安置棱镜时，则采用角度交会法。

如图 5-2 所示。A、C、D 点为控制网的三角点，且 A、B 点为桥轴线的端点，E 为墩中心位置。A、C、D 点的坐标已知，E 点坐标可以根据设计的有关数据计算出来。根据坐标反算，可以计算出夹角 α 和 β。在 C、D 两点上安置全站仪，分别自 CA 及 DA 测设出角 α 和 β，则两方向的交点即为 E 点的位置。两交会方向线之间的夹角 γ 称为交会角。桥梁墩、台中心交会的精度与交会角的大小有关。交会角的要求：当置镜点位于桥轴线两侧时，交会角应为 90°～150°；当置镜点位于桥轴线一侧时，交会角应为 60°～110°。为了检核精度及避免错误，通常都用三个方向交会，即同时利用桥轴线 AB 的方向。理论上来讲，三个方向应该交会于一点 E。但由于测量误差的影响，导致三个方向不交于一点，而是形成了一个三角形，这个三角形称为示误三角形，如图 5-3 所示。

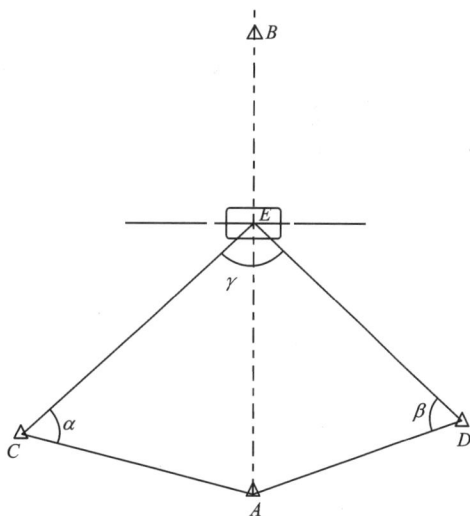

图 5-2　交会法测设墩、台示意图

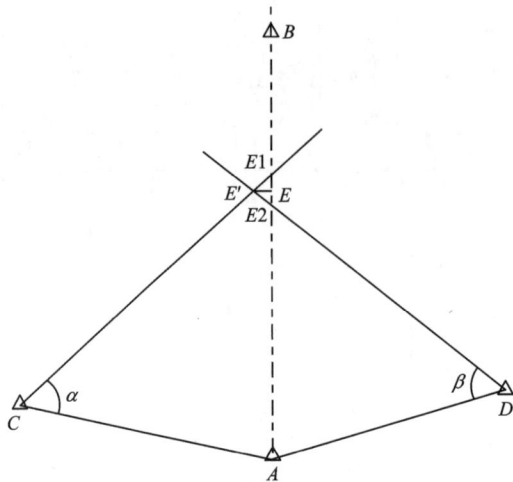

图 5-3 交会法示误三角形

示误三角形的最大边长,在桥梁墩、台下部时不应大于 25 mm,上部时不应大于 15 mm。若在限差范围内,则将交会点 E′ 投影至桥轴线上,作为墩、台中心位置。

在墩、台施工过程中,经常需要进行交会定位。为了工作方便,提高效率,通常都是在交会方向的延长线上,河流的对岸设立标志,如图 5-4 所示,在以后需要交会时直接照准标志点即可。

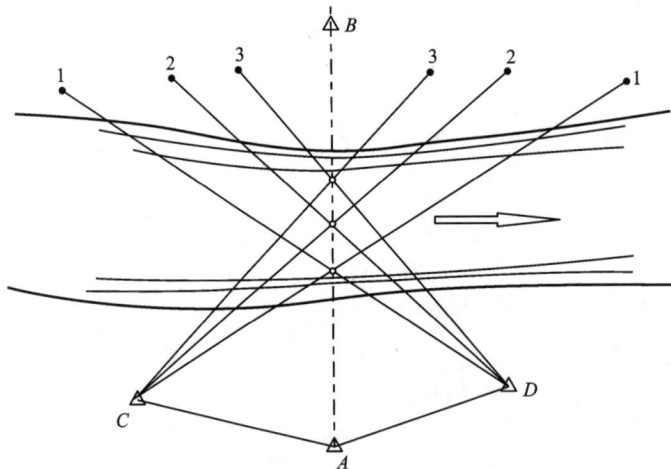

图 5-4 交会法对岸设置标志点示意图

(3)全站仪坐标法或 GNSS RTK 放样法。

采用全站仪坐标法或 GNSS RTK 放样法测设桥梁墩、台中心位置,关键就是根据控制点的坐标,计算出每一个墩、台中心位置的坐标,然后根据计算出来的坐标,按照全站仪坐标放样点位或 GNSS RTK 放样点位的方法,可以快速放样出墩、台的中心位置。全站仪坐标放样点位或 GNSS RTK 放样点位的方法可以参照前面单元内容。

2.曲线桥的墩、台中心测设

桥梁位于曲线上时，线路中线为曲线，而每跨梁却是直的。这样，在桥梁修建过程中，就要求相邻梁中线必须随线路中线的弯曲而连成连续折线。这条折线称为曲线桥梁的工作线，它与线路中线不能完全吻合，如图5-5所示。曲线桥的墩、台放样实际就是测设曲线桥的工作线的转折角的顶点。其放样资料有桥墩偏距 E (工作线的转折点向线路中线外侧移动的一段距离)、桥梁偏角 α (相邻梁跨工作线构成的偏角)、桥墩中心距 L (每段折线的长度)，其数据在设计图上都会给出。根据给出的 E、α、L，把桥梁工作线视为桥梁控制网的一条导线，这样就可以计算出各墩、台中心的坐标。

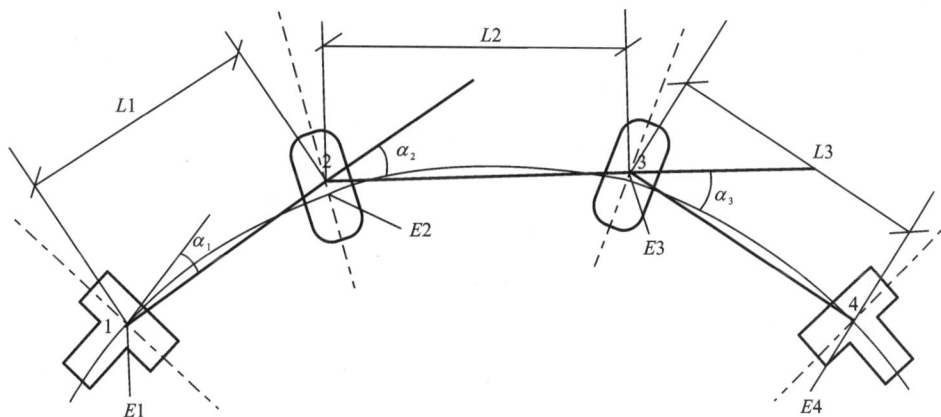

图 5-5   曲线桥示意图

根据地形条件，曲线墩、台中心放样亦可采用直接测距法、交会法、全站仪坐标法或 GNSS RTK 放样法。

(1)直接测距法。

在墩、台中心处可以架设仪器时，宜采用这种方法。由于墩中心距 L 及桥梁偏角 α 是已知的，可以从控制点开始，逐个测设出角度及距离，即可直接测定出各墩、台中心的位置，最后应附合到另外一个控制点上，以检核测设的精度。这种方法称为导线法。

(2)交会法。

当桥墩位于水中，无法架设仪器及棱镜时，宜采用交会法。

利用交会法测设桥墩、台中心位置，首先要根据桥梁平面施工控制网中控制点的坐标，推算出墩、台中心的坐标，然后根据控制点和墩、台中心坐标反算所需放样的角度。如图 5-6 所示，A、B、C、D 点为桥梁施工控制网中的控制点，A、B、C、D 点以及各墩、台坐标已知。欲放 E 号墩，可以根据 A、B、E 点的坐标，反算出夹角 α_1、α_2，然后置镜于 A、B 点分别瞄准 D、C 点，拨角 α_1、α_2，两方向交点即为 E 号墩中心。

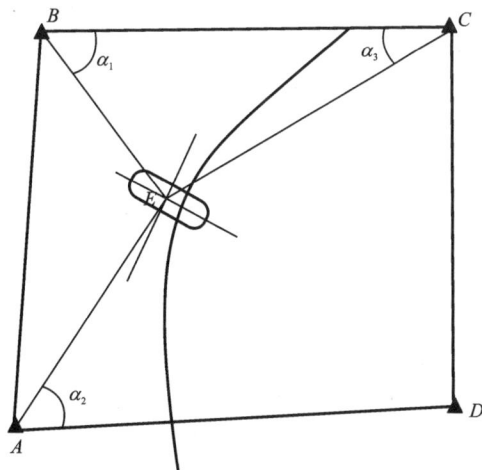

图 5-6 交会放样墩、台示意图

理论上，根据上述两方向即可定出墩、台中心。实际交会时，为了检核，规定交会方向不得少于三个，且交会于一点。但由于控制测量和交会放样的误差影响，往往不能交会于一点，形成示误三角形，如图5-7所示。当示误三角形最大边长不超过规定要求时，则可取其中心为放样点的位置。否则，重新交会。

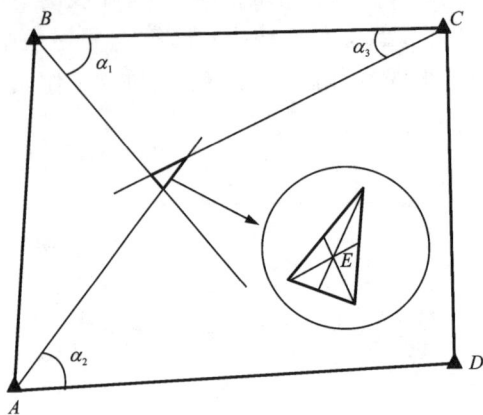

图5-7　交会法示误三角形

（3）全站仪坐标法或 GNSS RTK 放样法。

与直线桥墩、台中心放样一样，曲线桥墩、台中心放样亦可采用全站仪坐标法或 GNSS RTK 放样法，关键也是根据控制点的坐标以及设计给定的桥墩偏距 E、桥梁偏角 α、桥墩中心距 L 等资料，计算出每一个墩、台中心位置的坐标，然后根据计算出来的坐标，按照全站仪坐标放样点位或 GNSS RTK 放样点位的方法，快速放出墩、台的中心位置。

（五）桥梁墩、台纵、横轴线的放样

为了进行墩、台施工的细部放样，需要测设其纵、横轴线。墩、台的纵轴线是指过墩、台中心平行于线路方向的轴线，横轴线是指过墩、台中心垂直于线路方向的轴线。桥台的横轴线就是桥台的胸轴线。

直线桥各墩、台的纵轴线与桥轴线重合，不需要另行测设。测设横轴线的方法就是在墩、台中心安置仪器，自桥轴线方向旋转90°（或270°），即得横轴线方向，如图5-8所示。

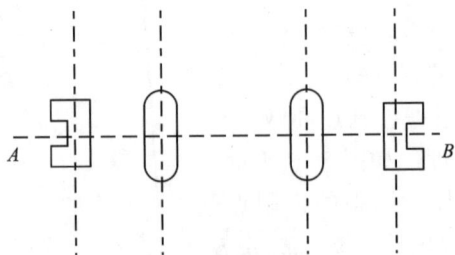

图5-8　直线桥墩、台纵、横轴线

曲线桥墩、台的纵轴线位于桥梁偏角的分角线上，横轴线与纵轴线垂直。测设时，在墩、台中心安置仪器，自相邻的墩、台中心方向测设桥梁偏角的一半，即得纵轴线方向；自纵轴线方向转90°，即为横轴线方向，如图5-9所示。

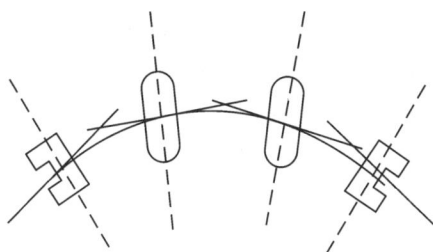

图5-9　曲线桥墩、台纵、横轴线

在施工过程中，墩、台中心的定位桩要被挖掉，但随着工程的进展，又经常需要恢复墩、台中心位置。为了方便施工，减少放样的工作量，需要在施工范围以外钉设护桩，据以恢复墩、台中心的位置。根据规定，在墩、台纵横轴线上，于每侧各钉设至少两个护桩，因为只有两个护桩点才能恢复轴线方向。为防破坏，可以多钉设几个。曲线桥上的护桩纵横交错，在使用时极易弄错，因此在护桩上必须注明墩、台编号。

（六）桥梁细部施工放样

1.桥梁基础施工测量

桥梁基础类型按构造和施工方法不同，可分为明挖基础、桩基础、沉井基础、沉箱基础、管柱基础。明挖基础也称扩大基础，适用于浅层土较坚实，且水流冲刷不严重的浅水地区。由于它的构造简单，埋深浅，施工容易，加上可以就地取材，故造价低廉，广泛用于中小桥涵及旱桥。桩基础是由许多根打入或沉入土中的桩和连接桩顶的承台所构成的基础，外力通过承台分配到各桩头，再通过桩身及桩端把力传递到周围土及桩端深层土中，故属于深基础。沉井基础是一种古老而且常见的深基础类型，它的刚性大，稳定性好，与桩基础相比，在荷载作用下变位甚微，具有较好的抗震性能，尤其适用于对基础承载力要求较高，对基础变位敏感的桥梁。沉箱基础在桥梁工程中主要指气压沉箱基础。管柱基础是主要用于桥梁的一种深基础，管柱外形类似管桩。

桥梁基础类型和施工工艺不同，测量的内容也不相同。

明挖基础，在基础开挖前，首先根据墩、台的纵、横向护桩在实地交出十字线，并在十字线的两个方向上的稳固位置分别钉设两个固定桩，然后根据十字线、基础的长度和宽度、施工开挖的要求，在地面上放出基础的四个转角点。当基础开挖到一定深度后，应根据设计高程在坑壁上测设距基底设计面一定高度（如1 m）的水平桩，作为控制挖深及基础施工中掌握高程的依据。当基坑开挖到设计标高以后，应将坑底整平，必要时还应夯实，然后投测墩、台轴线并安装模板。立模时，在模板的外面需要预先画出基础的中心线，然后将仪器安置在轴线较远的一个护桩上，以另外一个护桩定向，这时仪器的视线即为轴线方向，根据这一方向校正模板的位置，直到模板中线与视线重合。

桩基础的测量工作主要有：测设桩基础的纵、横轴线，测设各桩的中心位置，测定桩的倾斜度和深度，承台模板的放样等。墩、台的纵、横轴线即为桩基础的纵、横轴线，可以依据护桩来测设。各桩中心位置的测设是以桩基础的纵轴线为 x 轴，横轴线为 y 轴，根据设计资料计算出各桩的中心位置在该坐标轴的坐标，然后按照直角坐标法测设，如图 5-10 所示。桩中心位置的测设，也可以根据设计资料，计算出各个桩中心在施工控制网的坐标，在桥位控制桩上安置全站仪，采用全站仪坐标放样出每个桩的中心位置。在桩基础灌注完之后，修筑承台之前，对每个桩的中心位置应再进行测定，作为竣工资料。在钻孔过程中测定钻孔导杆的倾斜度，用以测定孔的倾斜度，并利用钻机上的调整设备进行校正，使孔的倾斜度不超过施工规范要求。桩基础的承台模板的放样方法与明挖基础相同。

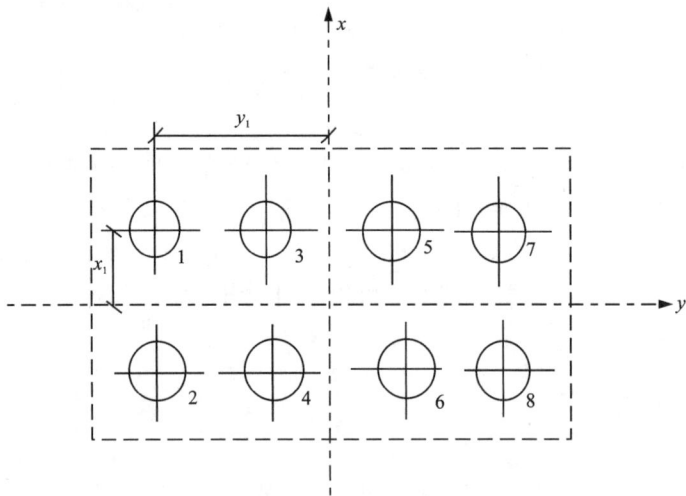

图 5-10　桩位测设图

其他基础施工测量在此不再介绍。

2. 墩、台身施工测量

墩、台身施工测量，是以墩、台纵、横轴线为依据，进行墩、台身的细部放样。如果墩、台身是用浆砌圬工，则在砌筑每一层时，都要根据纵、横轴线来控制它的位置和尺寸。如果是用混凝土灌注，则需在基础顶面和每一节顶面都要测设出墩、台的中心及其纵、横轴线。作为下一节立模的依据。

墩、台施工中的高程放样，通常都在墩、台附近设立一个施工水准点，根据这个水准点以水准测量方法测设各部分的设计高程。但在基础底部及墩、台的上部，由于高差过大，难于用水准尺直接传递高程时，可用悬挂钢尺的方法传递高程。通常桥墩、台砌筑至一定高度时，根据水准点在墩、台身的每侧测设一条距顶部一定高差（如 1 m）的水平线，用以控制砌筑高度。

3. 墩、台顶部施工测量

当墩、台身施工完毕时，测设出墩、台中心及纵、横轴线，以便安装墩帽或台帽的模板、安装锚栓孔、安装钢筋。模板立好后应再一次复核，以确保墩帽或台帽中心、锚栓孔位置等符合设计要求，并在模板上标出墩帽、台帽顶面标高，以便灌注。墩帽、台帽施工时，应根据水准点用水准仪控制其高程（偏差不超过 ±10 mm），根据轴线桩用全站仪控制两个方向的平面位置(偏差不大于±10 mm),墩、台间距或跨度用钢卷尺或全站仪检查,误差应小于1/5000。支撑垫石时墩帽、台帽上高处部分,供支撑两端使用。支撑垫石的放样根据设计图纸所给出的数据,通过纵、横轴线测设。在灌注垫石时,应使混凝土面略低设计高程1~2 cm,以便用砂浆抹平到设计标高。同一片钢筋混凝土梁一端两支撑垫石顶面高差不应超过3 mm。

承台、墩身、顶帽及垫石施工放样及竣工检查的精度应满足现行《铁路桥涵工程施工质量验收标准》(TB 10415—2018)的要求,应根据需要在墩顶桥梁中线上埋设中心标1~2个,并在墩顶上、下游两侧各埋设水准标一个。在桥墩建成后,应测定中心标坐标及水准标高程。

承台全部或部分竣工后,应根据施工控制点,沿桥中线方向采用导线法或 GNSS 静态相对测量法进行全部或部分测量贯通。测量精度不应低于一级导线的精度要求。测定墩、台中心、纵、横轴线及跨度,当实测跨度与设计跨度的差值,一般桥梁超过20 mm,复杂特大桥及重要桥梁超过15 mm 时,应根据桥墩设计允许偏差逐墩进行跨度调整。

(七)桥梁架设的施工测量

桥梁架设是桥梁施工的最后一道工序。在架梁前,应对墩、台方向、距离、高程进行复核和适当的调整,使之完全符合设计要求。架梁测量应符合下列规定:

(1)架梁前应按不低于四等平面控制测量的精度测定墩(台)中心坐标、里程及相邻墩、台之间的跨距,在墩、台钉设放样出支座十字线及梁端轮廓线。

(2)应按不低于四等水准测量精度测定墩(台)顶水准标的高程,通过直接逐跨联测,视线全桥高程贯通,并检查垫石面高程。

(3)根据架梁方法进行相应的水文、拖拉滑道、架桥机走行道等项测量。

大跨度钢桁架或连续梁采用悬臂或半悬臂安装架设。安装开始前,应在横梁顶部和底部的中点作出标志,架梁时,用来测量钢梁中心线与桥梁中心线的偏差值。

在梁的安装过程中,应不断地测量以保证钢梁始终在正确的平面位置上,高程(立面)位置应符合设计的大节点挠度和整跨拱度的要求。

如果梁的拼装是两端悬臂在跨中合龙,则合龙前的测量重点应放在两端悬臂的相对关系上,如中心线方向偏差、最后节点高程差和距离差要符合设计和施工要求。

二、隧道施工测量

(一)隧道施工控制测量

1. 地面控制测量

隧道洞外控制测量的目的是在各开挖洞口之间建立精密的控制网,按照测量设计规定的方案和精度施测,测定各控制点的相对位置,作为引测进洞和测设洞内中线及高程的依据。

1)选点布网

首先,控制网的布设必须能够满足施工精度和规范的要求。根据工程的性质和规模,各种测量规范都规定了其工程控制网的布设方式和等级。同样地,对于各种测量方法及其等级、精度和技术要求等,相关的规范中也有要求。这些都是为了保证隧道相向开挖的工作面按照规定的精度顺利贯通。

其次，要能够因地制宜，根据设计院定测时所确定的线路位置以及隧道的进、出口、斜井与平洞等的标桩位置，结合现场踏勘的结果，选定平面控制网的布设方案。

另外，还是要考虑建网的费用。在满足规范和施工精度要求的前提下，应该选择最经济合理的方式布设地面控制网。

总之，选择布设哪种控制网，应根据规范要求和隧道横向贯通误差要求、隧道线路通过地区的地形情况以及建网费用等方面进行综合考虑，对于投资较大和较长的隧道，还应设计多种方案并进行优化设计。

根据《铁路工程测量规范》(TB 10101—2018)规定，隧道洞外控制网的布设应符合下列规定：

洞外平面控制网应沿两洞口连线方向布设成多边形组合图形，构成闭合检核条件。进、出口控制点应以直接观测边连接，构成长边控制网，增强图形强度。

控制点应布设在视野开阔、通视良好、土质坚实、不易被破坏的地方。

观测视线距离障碍物1 m以上。通过水域、沙滩时，应适当增加视线高度。

地形困难、树林茂密的山岭测站，场地应进行清理和平整，以利于观测。

每个洞口平面控制点和水准点布设，均不应少于3个。

向洞内传递方向的洞外联系边长度宜大于500 m，布设困难时不宜短于300 m。

GNSS控制网进洞联系边最大俯仰角不宜大于5°，导线网、三角网的最大仰俯角不宜大于15°。

洞口GNSS控制点应方便常规测量方法检测、加密、恢复和向洞内引测。

洞口附近的水准点宜与隧道洞口等高，两水准点间高差以水准测量1~2站即可联测为宜。

隧道洞外、洞内平面控制测量应符合表5-3的规定。

表5-3　隧道平面控制网测量技术要求

测量部位	测量方法	测量等级	隧道长度/km	洞外定向边/洞内导线边长度/m
洞外	GNSS测量 导线测量 三角形网测量	一等(GNSS)	8~20	≥400
		二等	4~8	≥350
		三等	2~4	≥300
		四等	<2	≥250
洞内	导线测量	二等	8~20	≥400
		隧道二等	5~8	≥350
		三等	2~5	≥300
		四等	1.5~2	≥200
		一等	<1.5	≥200

注：本表适用于相向开挖在中部贯通的隧道，对于相向开挖不在中部贯通的隧道，应进行专项设计。

隧道洞外、洞内高程控制测量精度等级应符合表5-4规定。

表 5-4　隧道高程控制测量精度

铁路类型	轨道结构	列车设计速度 V /(km·h⁻¹)	隧道洞外、洞内水准路线总长度			
			<6 km	6~17 km	17~39 km	39~150 km
客、货共线铁路、重载铁路	无砟	120<V≤200	二等			
		V≤120	三等		精密	二等
	有砟	120<V≤200	三等		精密	二等
		V≤120	四等	三等	精密	二等
城际铁路	无砟	V=160, V=200	二等			
		V=120	精密			二等
	有砟	V=160, V=200	精密			二等
		V=120	三等		精密	二等

隧道两相向开挖洞口施工中线在贯通面上的横向和高程贯通允许误差应符合表 5-5 规定。

表 5-5　贯通允许误差

项目	横向贯通允许误差							高程贯通允许误差
相向开挖隧道长度/km	L<4	4≤L<7	7≤L<10	10≤L<13	13≤L<16	16≤L<19	19≤L<20	—
洞外贯通中误差/mm	30	40	45	55	65	75	80	18
洞内贯通中误差/mm	40	50	65	80	105	135	160	17
洞内、外综合贯通中误差/mm	50	65	80	100	125	160	180	25
贯通限差/mm	100	130	160	200	250	320	360	50

注：本表不适用于利用竖井贯通的隧道。

隧道平面、高程控制网应根据隧道贯通误差要求进行测量设计。

2) 地面控制测量

地面控制测量包括平面控制测量和高程控制测量两个部分。

(1) 平面控制测量。

布设地面平面控制网可以采用精密导线法、三角锁法、GNSS 法或是以上几种方法的组合运用。

①精密导线法。

精密导线法是在隧道进、出口之间，沿勘测设计阶段所标定的线路中线或离开中线一定距离布设导线，采用精密导线测量的方法测量各导线点和隧道两端洞口控制点的平面位置。

布设导线时，多采用闭合导线环和主、副导线闭合环的形式。主、副导线闭合环是将主导线尽量沿隧道中线布设，副导线宜贴近主导线，主、副导线之间加设一定数量的导线边，形成多个导线环。导线可以是独立的，也可以与国家高级控制点相连。

另外要注意的是相邻导线点间的高差不宜过大，导线的边长应根据隧道的长度和辅助坑道的数量及分布情况并结合地形条件和仪器测程来选择。导线宜采用长边，相邻边长比不应小于1：3，且尽量以直伸形式布设，以减少转折角的个数，减弱边长误差和测角误差对隧道横向贯通误差的影响。

精密导线的测量技术要求与国家和城市现行规范中的四等导线基本一致，主要是缩短了导线总长度与导线边长，提高了点位精度。其主要技术要求见表5-6。

表5-6　精密导线测量主要技术要求

平均边长/m	导线总长度/km	每边测距中误差/mm	测距相对中误差	测角中误差/(″)	测回数		方位角闭合差/(″)	全长相对闭合差	相邻点相对点位中误差/mm
					Ⅰ级全站仪	Ⅱ级全站仪			
350	3~4	±4	1/60000	±2.5	4	6	±5$\sqrt{n}$	1/35000	±8

注：①n为导线的角度个数，一般不超过12。
②附合导线路线超长时，宜布设结点导线网，结点间角度个数不超过8个。

导线的内业计算一般采用严密平差法，对于一等以下导线也可采用近似平差计算。

导线法布设控制网已成为目前隧道施工中布设地面控制的热点，它选点、布网比较自由灵活，对地形的适应性较好，受中线位置的约束较小，特别是随着全站仪的普及应用，地面控制测量采用导线方法进行越来越显示它的优越性。

②三角锁法。

利用三角测量建立隧道平面控制时，一般布设成单三角锁，且沿两洞口连线方向尽量布设为直伸形式。三角网的水平角观测采用方向观测法，基线边长采用光电测距。经平差计算可求得各三角点和隧道轴线上控制点的坐标，然后以控制点为依据，确定进洞方向。三角测量的主要技术要求见表5-7。

表5-7　三角测量的主要技术要求

等级	平均边长/km	测角中误差/(″)	测边相对中误差	最弱边边长相对中误差	测回数			三角形最大闭合差/(″)
					0.5″仪器	1″仪器	2″仪器	
二等	9.0	1.0	≤1/250000	≤1/120000	6	9	—	3.5
三等	4.5	1.8	≤1/150000	≤1/70000	4	6	9	7.0

续表5-7

等级	平均边长/km	测角中误差/(″)	测边相对中误差	最弱边边长相对中误差	测回数			三角形最大闭合差/(″)
					0.5″仪器	1″仪器	2″仪器	
四等	2.0	2.5	≤1/100000	≤1/40000	2	4	6	9.0
一级	1.0	5.0	≤1/40000	≤1/20000	–	–	2	15.0
二级	0.5	10	≤1/20000	≤1/10000	–	–	1	30.0

　　三角锁图形结构强、方向控制精度高，在测距技术手段落后而测角精度要求较高的时期是隧道控制的主要形式，使用三角锁法可以避免大量距离测量工作。但由于三角锁法的测角工作量大、三角点的定点布设条件苛刻，一般很难建成理想的三角锁图形，尤其在高层建筑集中的城市中受到通视条件限制更难布设。

　　③GNSS法。

　　随着科学技术的发展，测量技术飞速发展，测量仪器的价格不断下降，GNSS测量技术广泛应用于国民经济的各个领域。

　　GNSS点要求有良好的观测环境，如GNSS上空要开阔，不能选在隐蔽或其周围有高大障碍物的地方，影响GNSS信号的接收；要避开无线电发射台及高压输电线，防止磁场对卫星信号的干扰；要避开大面积水域等对电磁波反射强烈的物体，以减弱多路径效应的影响；等等。

　　但在工程测量中，相对于经纬仪、全站仪等常规测量仪器，GNSS定位在观测时不要求点之间相互通视，而且对于网的图形也没有严格要求，因此选点较传统的控制测量简便，且GNSS具有定位精度高、观测速度快、自动化程度高、全天候作业、经济效益高等优点。在隧道洞外平面控制测量中，其优点尤为显著，所以在地面控制测量中得到越来越广泛地运用。此外，GNSS测量同样也可用于隧道地面高程控制测量。GNSS测量的主要技术要求见表5-8。

表5-8　GNSS测量控制网的主要技术要求

等级	固定误差 a/mm	比例误差系数 b/(mm·km⁻¹)	基线边方位角中误差/(″)	约束点精度		约束平差后的最弱边相对中误差
				方位角精度/(″)	边长相对中精度	
特等	≤5	≤0.5	—	—	—	1/2 000000
一等	≤5	≤1	1.0	0.6	1/500000	1/250000
二等	≤5	≤2	1.3	1.0	1/250000	1/180000
三等	≤5	≤3	1.7	1.3	1/180000	1/100000
四等	≤6	≤4	2.0	1.7	1/100000	1/70000
五等	≤10	≤5	3.0	2.0	1/70000	1/40000

　　注：当基线长度短于500 m时，一等、二等、三等边长中误差应小于5 mm，四等边长中误差应小于7.5 mm，五等边长中误差应小于10 mm。

测量人员应根据测区地形和交通状况、GNSS 接收机数量、采用的 GNSS 作业方法、设计的基线最短观测时间等因素综合考虑，编制观测计划表，按该表进行观测。同时依照实际作业的进展情况，及时做出必要的调整。外业观测成果应用经有关部门的试验鉴定并经业务部门批准的数据处理软件进行处理，最后得到控制点的坐标数据。

（2）高程控制测量。

隧道洞外高程控制测量是按照设计精度施测各开挖洞口附近水准点之间的高差，以便将整个隧道的统一高程系统引入洞内，提供隧道施工的高程依据，保证隧道在高程方向按规定的精度正确贯通，并使隧道各附属工程按要求的高程精度正确修建。

洞外高程控制测量常采用水准测量方法。水准测量的等级取决于隧道长度、隧道地段的地形情况等。

水准路线应选择连接各洞口最平坦和最短的线路，以达到设站少、观测快、精度高的要求。高程控制点应选在不受施工干扰、稳定可靠和便于引测进洞的地方。每一洞口（包括正洞进、出口、横洞、竖井等）附近均应埋设不少于两个的水准点，以相互检核。两水准点的位置，以安置一次仪器即可联测为宜。

高程控制测量的观测及精度要求，应满足《工程测量标准》（GB 50026—2020）的有关要求。当山势陡峻采用水准测量困难时，也可采用光电测距三角高程测量的方法进行。光电测距三角高程测量如图 5-11 所示。

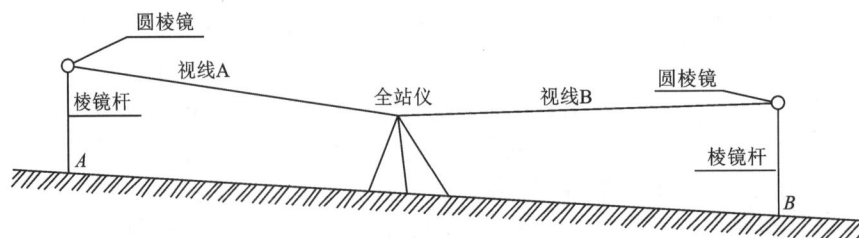

图 5-11　全站仪三角高程测量传递高程

2. 联系测量

在隧道施工过程中，可使用横洞、斜井、竖井等方法来增加开挖工作面。为保证隧道沿设计方向掘进，应通过横洞、斜井、竖井将地面的平面坐标系统及高程系统传递到地下，该项工作称为联系测量。通过横洞、斜井的联系测量可由相应等级精度的导线测量、水准测量、三角高程测量完成，值得一提的是，由于洞口内、外的温度、湿度以及光照等条件不一致，洞口站测量宜安排在阴天或晚上进行。

下面主要讲述将地面的平面坐标系统及高程系统经由竖井传递到地下的竖井联系测量。

竖井联系测量工作分为平面联系测量和高程联系测量。

1）平面联系测量

平面联系测量又称定向测量，主要有导线定向、一井定向、两井定向、铅垂仪陀螺经纬仪联合定向四种方式。其中导线定向精度最好且最方便，但是导线定向受竖井的长度和深度制约，一般很少用。陀螺经纬仪价格昂贵，且仪器的保养很麻烦，一般也很少用。使用一井定向、两井定向的方法即可很好地满足规范的要求，下面主要介绍这两种方法。

（1）一井定向。

一井定向又称联系三角形定向，其工作原理如图 5-12 所示。在竖井内挂两条吊锤线，吊锤的质量与钢丝的直径随井深而不同。投点时，首先在钢丝上挂以较轻的荷重，用绞车将钢丝导入竖井中，然后在井底换上作业重锤，为了使吊锤较快地稳定下来，可将其放入盛有油类液体的平静器中。吊锤应自由地放在平静器中，不与容器壁及竖井中的其他物体接触。一井定向测量也可以采用激光铅直仪投点，它比吊锤线法方便。

在图 5-12 中，C 点为地面上的近井点，A、B 为两吊锤线，D 点为地下的近井点，即地下导线起点。待两吊锤线稳定后，即可开始联系三角形的测量工作。此时，在地面上测量水平角 α 及连接角 ω，并测量三角形的边长 a、b、c，这样就可解算出 A、B 两点的坐标。我们认为钢丝是垂直的，钢丝上的点的平面坐标也是相同的。在井下测量水平角 α' 及连接角 ω'，测量三角形边长 a'、b'、c'。根据 A、B 两点坐标和测量结果解算井下联系三角形，进而计算地下导线起点 D 的坐标及起始边的方位角。

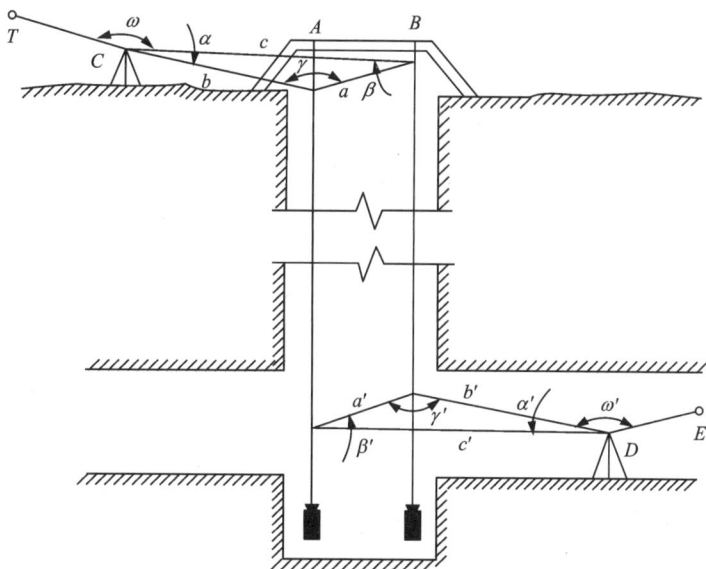

图 5-12　一井定向联系测量示意图

在一井定向中，须注意的问题有：

①注意联系三角形应为伸展形状，水平角 α 及 α' 应接近于零，宜小于 1°。

②竖井中悬挂钢丝间的距离 a 应视竖井情况尽可能长。

③b/a 的数值宜小于 1.5。

④联系三角形边长可采用光电测距或经检定的钢卷尺丈量，每次应独立测量三测回，每测回三次读数，各测回较差应小于 1 mm。

⑤在地面及地下所量得的吊锤线间距离之差不能超过 ±2 mm。按余弦定理计算的吊锤线间的距离（$a^2 = b^2 + c^2 - 2bc\cos\alpha$）与量得的同一距离之差应小于 2 mm。

⑥联系测量中的测距和测角工作应符合相关的规范的要求。

⑦进行一井定向，每次定向应独立进行三次，取三次的平均值为定向结果。实际操作时

一般悬挂三根钢丝，组成两个联系三角形，这样既能提高精度又能校核成果。

（2）两井定向。

两井定向就是在现有施工竖井搭设的平台或地面上钻孔，架设铅垂仪（钢丝）等向井下投点，进行定向测量。其工作原理如图 5-13 所示。在隧道施工过程中，在两相邻竖井间开挖的隧道贯通时，应采用两井定向。

两井定向是在两竖井（或通风孔）中分别悬挂一根吊锤线，利用地面上布设的近井点或地面控制点采用导线测量或其他测量方法测定两吊锤线的平面坐标；在隧道中，将已布设的地下导线与竖井中的吊锤线联测，即可将地面坐标系中的坐标与方位角传递到地下去，经计算求得地下导线各点的坐标与导线边的方位角。

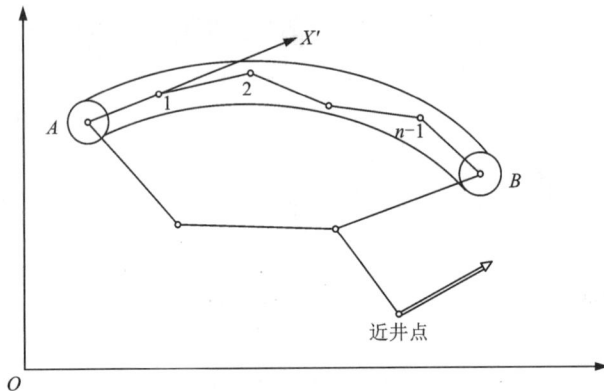

图 5-13　两井定向联系测量示意图

与一井定向相比，两井定向的优点有：由于两吊锤线间的距离大大增加了，所以减小了投点误差引起的方向误差，有利于提高地下导线的精度；外业测量简单，占用竖井的时间较短，有条件时可以把吊锤线悬挂在竖井的设备管道之间，对生产的影响很小。

两井定向的外业包括投点、地面连接测量、地下连接测量及内业计算。

①投点。

投点所用设备及方法与一井定向相同。两井定向的投点与联测工作可以同时进行或单独进行。

②地面连接测量。

根据地面已知控制点的分布情况，可采用导线测量或插点的方法建立近井点，由近井点开始布设导线与两竖井中的吊锤线 A、B 连接，从而测量吊锤线 A、B 的坐标。

③地下连接测量。

在隧道中布设导线，连接两竖井中的投点。布设导线时，根据现场实际情况尽可能布设长边导线，减少导线点数，以减小测角误差的影响。测量时，先将吊锤线悬挂好，然后在地面与地下导线点上分别与吊锤线联测。

在连接测量中，地面控制网的方向没有传递到地下导线，所以地下导线没有起始边方位角，这样的导线称为无定向导线。

④内业计算。

a. 根据坐标反算原理，利用竖井中吊锤线 A、B 的坐标，计算 A、B 连线的坐标方位角 α_{AB}

和两点间的距离 S_{AB}。

b.如图 5-13 所示，设吊锤线 A 为坐标原点，$A1$ 边为 X' 轴，其方位角 $\alpha_{A1} = 0°00'00''$。根据坐标正算原理，利用地下导线的测量成果，可计算各导线点在假定坐标系中的坐标 x_i'、y_i'，最终计算出 B 点坐标 x_B'、y_B'。

c.用数学中坐标转换原理计算地下导线各点在地面坐标系中的坐标。

d.根据坐标反算原理，利用 A 点坐标和 B 点坐标的计算值计算 A、B 连线的实测坐标方位角 α'_{AB} 和两点间的实测距离 S'_{AB}。由于测量误差的影响，$S_{AB} \neq S'_{AB}$，其差值为 $\Delta S = S_{AB} - S'_{AB}$。当 ΔS 符合规范要求时，即可按附合导线平差计算的方法进行平差计算，最终获得各地下导线点的坐标。

2)高程联系测量

在隧道开挖过程中，可通过洞口、横洞、斜井、竖井将地面高程传递到隧道内。通过洞口或横洞传递高程时，可由地面向隧道中布设水准路线，用水准测量的方法进行。通过斜井传递高程时，可用水准测量或三角高程测量的方法进行。通过竖井传递高程时，可采用悬挂钢尺或全站仪进行。

(1)悬挂钢卷尺法。

采用悬挂钢卷尺的方法，一定要注意加温度和尺长改正，才能保证导入井下的水准点的精度。

如图 5-14 所示，将钢卷尺悬挂在架子上，使钢卷尺零端向下垂入竖井中，并挂一和钢卷尺检定时同等质量的重锤，使钢卷尺静止时处于铅垂位置。在地面上和隧道中适当位置各安置一台水准仪。地面上的水准仪瞄准已知高程水准点 A 上的水准尺，读数得 a，瞄准钢卷尺，读数得 l_1。隧道中的水准仪瞄准钢卷尺，读数得 l_2，瞄准隧道中水准点上的水准尺，读数得 b。注意，l_1 和 l_2 必须在同一时刻观测，观测时应测量地面及地下的温度。

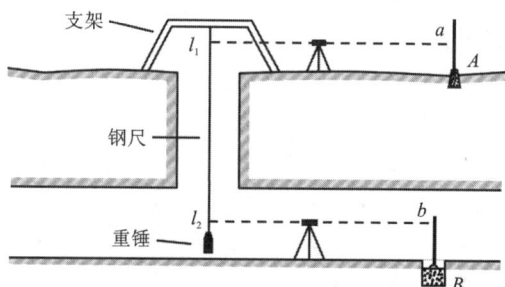

图 5-14 悬挂钢卷尺法竖井传递高程示意图

由图 5-14 中几何关系可以看出，隧道中水准点 B 的高程 H_B 的计算如式(5-1)所示。

$$H_B = H_A + a - [(l_1 - l_2) + \Delta t + \Delta k] - b \tag{5-1}$$

式中：H_A 为地面水准点 A 的高程；Δk 为钢卷尺尺长改正数；Δt 为钢卷尺温度改正数。

$$\Delta t = \alpha l(t_{均} - t_o) \tag{5-2}$$

式中：α 为钢卷尺线膨胀系数，一般取 $1.25 \times 10^{-5}℃$；$t_{均}$ 为地面、地下的平均温度；t_o 为钢卷尺检定时的温度。

2)全站仪法。

如图 5-15 所示，将全站仪安置在井口盖板上的特制支架上，转动望远镜，使视线处于铅垂状态(竖直度盘读数为 0°，即竖直角为 90°)。在井下安置反射棱镜，使棱镜中心位于全站仪视线上，用全站仪距离测量功能测量全站仪横轴中心与棱镜中心的距离 D_h。然后在井上、井下分别同时用两台水准仪测量地面水准点 A 与全站仪横轴中心的高差、井下水准点 B 与反射棱镜中心的高差。由图 5-15 可以看出,井下水准点 B 的高程按式(5-3)计算。

$$H_B = H_A + (a_上 - b_上) - D_h + (a_下 - b_下) \tag{5-3}$$

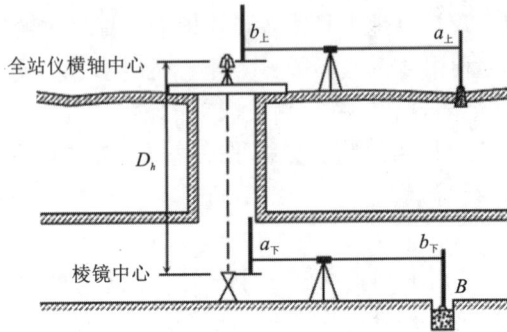

图 5-15 全站仪竖井传递高程示意图

用全站仪将地面高程传递到井下比悬挂钢卷尺法快捷、精确,大大减轻了劳动强度,提高了工作效率,尤其对于 50 m 以上的深井测量,更显示出它的优越性。

3.地下施工控制测量

在隧道施工过程中,必须进行洞内控制测量。其目的是指导开挖的掘进方向并防止误差的累积,保证最后的准确贯通。隧道洞内控制测量包括洞内平面控制测量和洞内高程控制测量。

1)洞内平面控制测量

隧道施工面狭窄,并且坑道往往只能前后通视,造成控制测量形式比较单一,仅适合布设导线。洞内施工控制导线一般采用支导线的形式向里传递。但是支导线没有检核条件,很容易出错,所以最好采用双支导线的形式向前传递。然后在双支导线的前面连接起来,构成附合导线的形式,以便评定测量精度。

洞内平面控制测量常用的方法有中线法和导线法。中线法是一种特殊的支导线形式,即把中线控制点作为导线点,直接进行施工放样。该法只适用于较短隧道。这里不作介绍。

洞内导线测量的作用是以必要的精度,建立地下的控制系统。依据该控制系统可以放样出隧道(或坑道)中线及其衬砌的位置,从而指示隧道(或坑道)的掘进方向。

与地面导线测量相比,隧道工程中的洞内导线测量具有以下特点:

(1)由于受坑道的限制,洞内导线的形状取决于隧道的形状,通常形成延伸状。

(2)洞内导线不能一次布设完成,而是随着坑道的开挖而逐渐向前延伸。

(3)洞内的导线点位置容易受到隧道施工以及地质条件的影响,所以要经常复测。

(4)洞内导线一般分级布设,先布设精度较低的施工导线,然后再布设精度较高的基本控制导线、主要导线,如图 5-16 所示。

①开挖面每向前推进 25~50 m,布设施工导线点,用以进行放样及指导开挖。

②当掘进长度为 100~300 m 时,为了提高导线精度、对低等级导线进行检查校正、检查隧道的方向是否与设计相符合,选择一部分施工导线点布设精度较高的基本控制导线。基本导线的边长为 50~100 m。

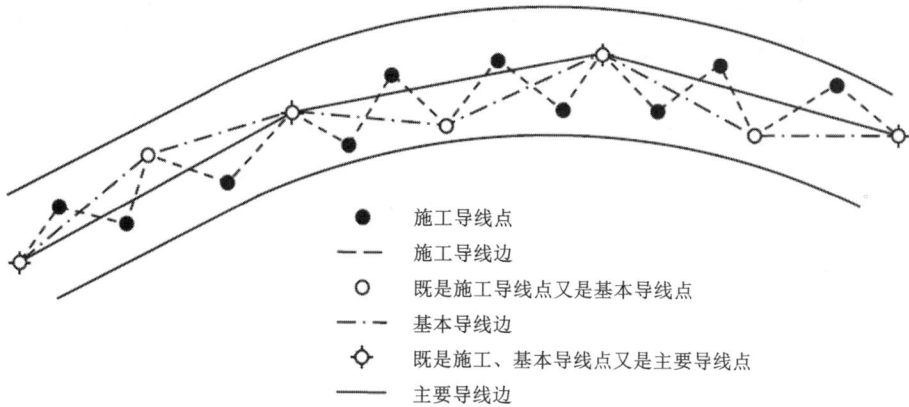

- ● 施工导线点
- - - - 施工导线边
- ○ 既是施工导线点又是基本导线点
- - · - 基本导线边
- ◇ 既是施工、基本导线点又是主要导线点
- —— 主要导线边

图 5-16　隧道洞内导线示意图

③ 当隧道掘进大于 2 km 时，选择一部分基本导线点布设主要导线，主要导线的边长一般为 150~800 m。

在布设地下导线时应注意以下事项：

(1)隧道洞内导线应以洞口投点为起始点，沿隧道中线或隧道两侧布设成直伸的长边导线或狭长多环导线。导线的边长宜近似相等，直线段不宜小于 200 m，曲线段不宜小于 70 m，导线边距离洞内设施不小于 0.2 m。当双线隧道或其他辅助坑道同时掘进时，应分别布设导线，并通过横洞连成闭合环。导线点应尽量布设在施工干扰小、通视良好且稳固的安全地段。

(2)主要导线和基本导线的边长应按贯通要求设计，当隧道掘进至导线设计边长的 2~3 倍时，应进行一次导线延伸测量。对于长距离隧道，可加测一定数量的陀螺经纬仪定向边。

(3)由于地下导线边长较短，因此进行角度观测时，应尽可能减小仪器对中和目标对中误差的影响。一般在测回间采用仪器和觇标重新对中，在观测时采用两次照准、两次读数的方法。若照准的目标是垂球线，应在其后设置明亮的背景，建议采用对点器觇牌照准，用较强的光源照准标志，以提高照准精度。

(4)边长测量中，当采用电磁波测距仪时，应防止强灯光直接射入照准头，并经常拭净镜头及反射棱镜上的水雾。当坑道内水汽或粉尘浓度较大时，应停止测距，避免造成测距精度下降。洞内有瓦斯时，应采用防爆测距仪。

(5)凡是构成闭合图形的导线网(环)，都应进行平差计算，以便求出导线点的新坐标值。当隧道全部贯通后，应对地下长边导线进行重新平差，用以最后确定隧道中线。

隧道洞内导线的布设形式主要有以下几种：

(1)单导线。

从洞外控制点开始，每掘进 20~50 m 增设一个新点。导线布设灵活，但缺乏检核条件。为了防止错误和提高支导线的精度，每埋设一个新点后，都应从支导线的起点开始全面重复测量。复测还可以发现已建成的隧道是否存在变形，点位是否被碰动过。观测导线转折角时，半数测回测左角，半数测回测右角。观测短边的水平角时，应尽可能减少仪器的对中误差和目标偏心误差。

(2)导线环。

如图 5-17 所示，导线环是长大隧道洞内控制测量的主要形式之一，其有较好的检核条件，而且每增设一对新点，例如5和5'点，可按两点坐标反算5—5'的距离，然后与实地丈量的距离比较，这样每进一步均有检核。

（3）主副导线环。

如图5-18所示，双线为主导线，单线为副导线。主导线既测角又测距离，副导线只测角不测距离。按虚线形成第二闭合环时，主导线在3点处能以平差后的角度传算3~4边的方位角，以后均仿此形成闭合环。闭合环角度平差后，对提高导线端点的横向点位精度很有利，并可对角度测量加以检查，根据角度闭合差还可以评定测角精度，还节省了副导线大量的边长测量工作。

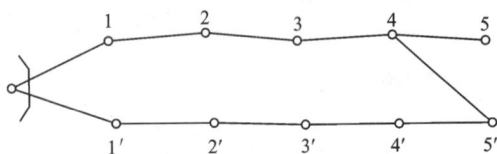

图5-17　导线环示意图　　　　　　图5-18　主、副导线环示意图

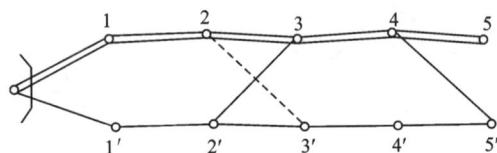

（4）交叉导线。

如图5-19所示，并行导线每前进一段交叉一次，每一个新点由两条路线传算坐标（如5点坐标由4和4'点传算），最后取平均值；亦可以实测5-5'的距离，来检核5和5'点的坐标。交叉导线不作角度平差。

（5）旁点闭合环。

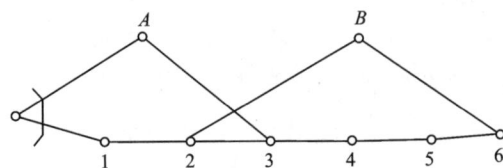

如图5-20所示，A、B点为旁点。旁点闭合环一般测内角，作角度平差；旁点两侧的边长，可测可不测。

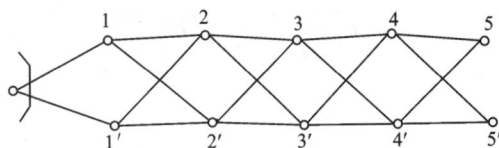

图5-19　交叉导线示意图　　　　　　图5-20　旁点闭合环示意图

2）洞内高程控制测量

洞内高程控制测量的目的是在隧道内建立一个与地面统一的高程系统，以作为隧道施工放样的依据，保证隧道在竖向正确贯通。

隧道洞内高程控制测量应以洞口水准点的高程作为起测依据，通过水平坑道、竖井、斜井等处将高程传递到地下，然后测定洞内各水准点的高程，作为施工放样的依据。

洞内高程控制测量可采用水准测量或光电测距三角高程测量的方法。

洞内高程控制测量等级的确定取决于隧道工程的类型、范围及精度要求等。

隧道洞内水准测量的方法与地面上水准测量相同，但根据隧道施工的情况，隧道洞内水准测量具有以下特点：

①洞内高程控制点可选在导线点上，也可根据情况埋设在洞顶、洞底或洞壁上，但必须

稳固和便于观测。

②在隧道施工过程中，水准路线随隧道开挖面的进展而向前延伸。为满足施工放样的要求，一般先布设较低精度的临时水准点，然后再布设较高精度的永久水准点。永久水准点之间的距离一般以 300~500 m 为宜，最好按组设置，每组应不少于两个点，各组之间的距离一般为 200~400 m。

③隧道贯通之前，洞内水准路线均为支水准路线，因而需要进行往返观测。当往返测高差闭合差在允许范围内时，取往返测平均高差作为测量成果，用以推算水准点的高程。测量过程中，每一测站应采取多次观测的方法进行检核。由于洞内通视条件差，视线长度不宜大于 50 m。

④为检查洞内水准点的稳定性，应定期根据地面水准点进行重复的水准测量，将测得的高差成果进行分析比较。根据分析的结果，若水准点无变动，则取所有高差的平均值作为高差成果；若发现水准点有变动，则应取最近一次的测量成果。

(二)明、暗挖隧道施工测量

1. 边、仰坡及明洞开挖线放样

边、仰坡及明洞开挖线放样方法同挖方路基的开挖线放样，只须在图纸上找到设计坡脚点和开挖坡率即可根据地面实测高程计算出放样数据。

2. 导向墙施工放样

导向墙是隧道管棚施工的临时结构物，也是隧道中线上的第一个圬工结构，导向墙位置是否准确不仅决定管棚位置的准确性，而且施工期间在外暴露的时间较长，是整座隧道的形象。导向墙位置的确定需要放样三点，即一个拱顶点和两个拱脚点，拱顶点控制结构物的中线，两个拱脚点保证导向墙的端面与线路中线垂直，三点同时控制开挖净空。导向墙施工一般采用劲型骨架法施工，即先安装墙内钢拱架，再吊模浇筑混凝土，钢拱架的位置基本决定了导向墙的位置，故钢拱架的安装需要准确定位，其放样方法详见钢拱架定位测量。

3. 洞身开挖轮廓线放样

洞身开挖轮廓线放样占用隧道施工循环时间，因此要求放样必须快速；同时，洞身开挖轮廓线指导隧道的掘进方向，因此要求放样必须准确。

洞身开挖轮廓线放样的两个控制点为掌子面拱顶点和掌子面后三米隧道中线点，其中掌子面拱顶点为放样开挖轮廓线的依据，掌子面拱顶点和掌子面后三米隧道中线点指导隧道掘进的方向。隧道在曲线上时，其中线与线路中线有一定偏移量，需要特别注意。

洞身开挖轮廓线放样的两个控制点均采用全站仪极坐标法放样，全站仪有红外线激光时采用激光指示点标记，无红外线激光时通过十字丝指示标记。高程采用三角高程，由全站仪即可放样，掌子面后三米隧道中线点不需进行高程放样。需要提出的是，上一循环开挖后不能准确估计开挖进尺，故放样点里程需要测定后再进行其坐标计算。掌子面拱顶点放样后，在此点倒挂一钢卷尺，钢卷尺零点与此点重合，然后根据图纸结构尺寸每 0.3~0.5 m 高丈量左、右支距并标记，顺次连接各点即得到隧道开挖轮廓线。

放样实例：某一隧道从小里程向大里程掘进，纵坡为+2%，上一循环掌子面里程为 K126+082.4，开挖线拱顶高程 43.588 m，循环进尺为 3.0 m，临近掌子面两控制点坐标分别为 SD11(1000, 126044.305, 37.231)，SD10(1000, 125853.608)。下一循环放样开挖轮廓线步骤为：

第一步：置镜于 SD11，钢尺量得仪高为 1.486 m，后视 SD10，在输入 SD11 坐标时应将高程一并输入，仪高输入 1.486，棱镜高输入 0，放样点为 K126+085.4 隧道中线，输入坐标为(1000，126085.4，43.648)，转动全站仪，水平角指示为 0°00′00″时测距，当 ΔZ 显示为 0 时，距离显示(假设)为远离 0.2 m，说明此时掌子面里程为 K126+085.2，计算此点坐标为(1000，126085.2，43.644)，用全站仪放样此点即得到掌子面拱顶点 a。

第二步：在掌子面拱顶点倒挂一钢卷尺，钢卷尺零点与此点重合，然后根据图纸结构尺寸每 0.5 m 高丈量左、右支距并标记，顺次连接各点即得到隧道开挖轮廓线。

第三步：全站仪放样 K126+082.2 中线 b。

按上述放样即得到一开挖循环所需的放样点，如图 5-21 所示。

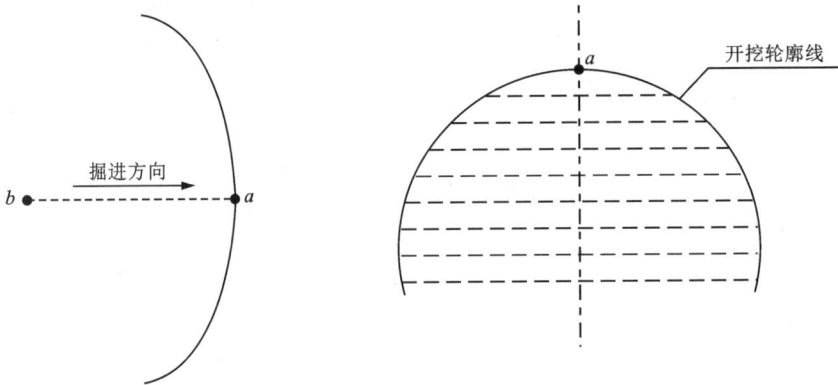

图 5-21　隧道开挖放样点

4. 钢拱架定位测量

钢拱架位置是否准确直接影响到二衬的厚度能否保证，因此钢拱架的定位测量在隧道施工测量中特别重要。钢拱架位置的确定需要在两个里程断面上各放样三点：一个拱顶点和两个拱脚点，如图 5-22 所示。每点均需实测高程，施工中一般放样拱架的内筋控制点，拱脚点标记在底板上，拱顶点标记在拱顶，拱架安装时用钢卷尺从标记点丈量出拱架控制点位置。

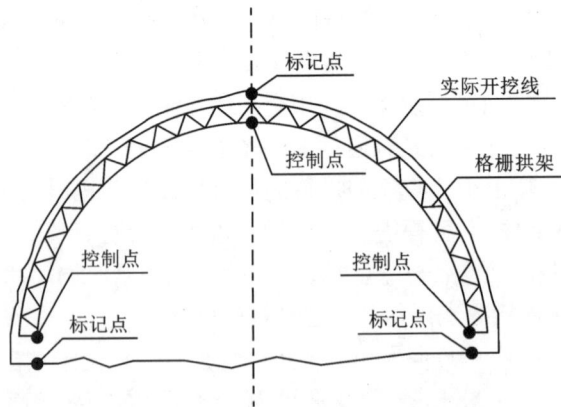

图 5-22　钢拱架安装放样点

5.隧道腰线测设

隧道施工通常在整个断面开挖后,在隧道岩壁上每5~10 m标定出内轨顶面线(公路隧道为比路面中线高一常数),称为腰线,用以控制隧道仰拱、填充、矮边墙等圬工结构物的高程。由于腰线与线路设计高程为一平行线,故施工时可以方便地根据腰线放样其他各部位的高程。

(三)隧道贯通测量

隧道施工进度慢,往往成为控制整体工程工期的工程。为了加快施工进度,除了进、出口两个开挖工作面外,还常采用横洞、斜井、竖井、平行导坑等来增加开挖工作面。两个相邻的掘进面按设计要求在预定地点彼此接通,称为隧道贯通。在隧道施工中,由于地面控制测量、联系测量、洞内控制测量以及细部放样的误差,使得两个相向开挖的工作面的施工中线不能理想地衔接而产生错开的现象,即所谓的贯通误差。如图5-23所示,贯通误差在线路中线方向的分量称为纵向贯通误差(简称纵向误差);在水平面内垂直于中线方向的分量称为横向贯通误差(简称横向误差);在高程方向的分量称为高程贯通误差(简称高程误差),又称竖向贯通误差。

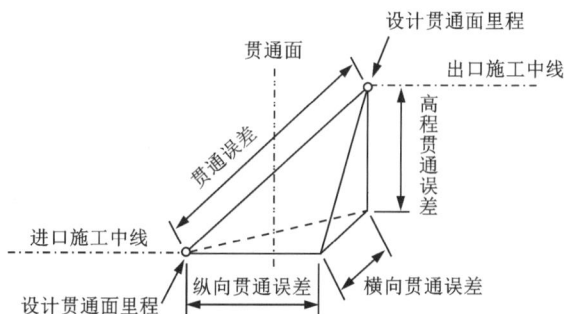

图5-23 贯通误差示意图

1.隧道贯通误差及其限差

隧道测量的关键问题是如何保证隧道在贯通时,两相向开挖的施工中线的贯通误差不超过规定的限值。纵向贯通误差影响隧道中线的长度,只要它不低于线路中线测量的精度,就不会对线路坡度造成有害影响。高程贯通误差对隧道的纵向坡度有影响,一般用水准测量的方法测定即可满足精度要求。横向贯通误差直接影响隧道的施工质量,倘若横向贯通误差过大,就会引起隧道中线几何形状的改变,严重者会使衬砌部分侵入到建筑限界内,影响施工质量并造成巨大的经济损失。所以,规范中一般只对隧道横向贯通误差和高程贯通误差作出规定,而对隧道纵向贯通误差不作规定。对隧道工程的相向施工中线在贯通面上的贯通误差的规定见表5-5。

2.隧道贯通误差的测定

隧道贯通后,应及时进行贯通测量,测定实际的横向、纵向和高程贯通误差。

由隧道两端洞口附近的水准点向洞内各自进行水准测量,分别测出贯通面附近的同一水准点的高程,其高差即为实际的高程贯通误差(竖向贯通误差)。

洞内平面控制应用中线法的隧道，当贯通之后，应从相向测量的两个方向各自向贯通面延伸中线，并各钉设一临时桩 A 和 B，如图 5-24 所示。测量出两临时桩 A、B 之间的距离，即得隧道的实际横向贯通误差；A、B 两临时桩的里程之差，即为隧道的实际纵向贯通误差。以上方法对直线隧道与曲线隧道均适用，只是曲线隧道贯通面方向是指贯通面所在曲线处的法线方向。

应用导线作洞内平面控制的隧道，可在实际贯通点附近设置一临时桩 P，分别由贯通面两侧的导线测出其坐标，如图 5-25 所示。假设由进口一侧测得的 P 点坐标为 x_i、y_i，由出口一侧测得的 P 点坐标为 x_j、y_j，则实际贯通误差为：

$$f = \sqrt{(x_j - x_i)^2 + (y_j - y_i)^2} \tag{5-4}$$

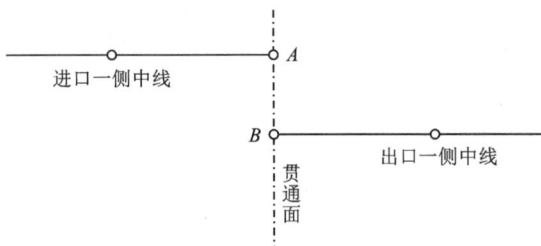

图 5-24 中线控制的贯通误差示意图

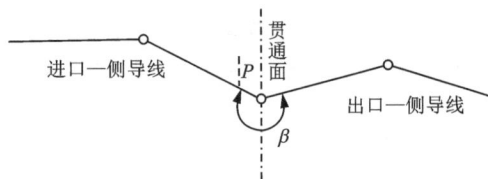

图 5-25 导线控制的贯通误差示意图

对于直线隧道，通常是以路线中线方向作为 x 轴，此时横向、纵向贯通误差分别为：

$$\begin{cases} f_{横} = y_i - y_j \\ f_{纵} = x_i - x_j \end{cases} \tag{5-5}$$

对于曲线隧道，其贯通面方向是指贯通面所在曲线处的法线方向。如图 5-26 所示，$\alpha_{贯}$ 为贯通面方向的坐标方位角，可根据贯通点在曲线上的里程计算获得；α_f 为实际贯通误差方向的坐标方位角，可根据坐标反算原理利用进口一侧坐标 $(x_i、y_i)$ 和出口一侧坐标 $(x_j、y_j)$ 计算出来；φ 为贯通面方向与实际贯通误差 f 的夹角。从图中可以看出，

$$\varphi = \alpha_f - \alpha_{贯} \tag{5-6}$$

计算出 φ 角后，即可计算隧道横向、纵向贯通误差：

$$\begin{cases} f_{横} = f\cos\varphi \\ f_{纵} = f\sin\varphi \end{cases} \tag{5-7}$$

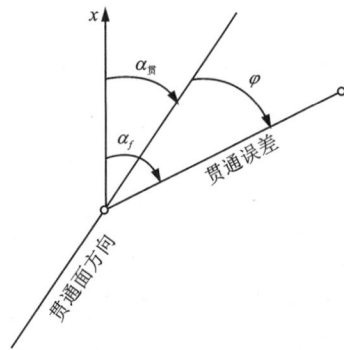

图 5-26 曲线隧道贯通误差示意图

3. 隧道贯通误差的调整

如果隧道贯通误差在容许范围之内，就可认为测量工作已达到预期目的。然而，由于贯通误差将导致隧道断面扩大及影响衬砌工作的进行，因此，要采用适当的方法将贯通误差加以调整，进而获得一个对行车没有不良影响的隧道中线，作为扩大断面、修筑衬砌以及铺设路基的依据。

调整贯通误差，原则上应在隧道未衬砌地段上进行，一般不再变动已衬砌地段的中线，

以防减小限界而影响行车。对于曲线隧道还应注意尽量不改变曲线半径和缓和曲线长。

（1）调线地段位于直线上。

当调线地段位于直线上时，可在未衬砌地段采用折线法调整。

如图 5-27 所示，在调线地段两端各选一中线点 A 和 B，连接 AB 形成折线。如果由此而产生的转折角 β_1 和 β_2 在 5′之内，即可将此折线视为直线；如果转折角在 5′~25′时，可不加设曲线，则按表 5-9 中的内移量将 A、B 两点内移；如果转折角大于 25′时，则应以半径为 4000 m 的圆曲线加设反向曲线。

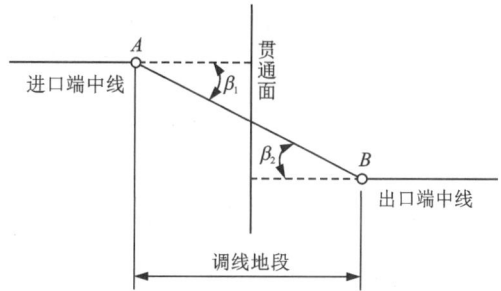

图 5-27　直线段隧道贯通误差调整示意图

表 5-9　各种转折角的内移量

转折角/(″)	内移量/mm
5	1
10	4
15	10
20	17
25	26

对于洞内用导线作平面控制的隧道，可用如下方法调整。

如图 5-28 所示，自进口控制点 J 至导线点 A 为进口一端已建立的洞内导线，自出口控制点 C 至导线点 B 为出口一端已建立的洞内导线，这些地段已由导线测设出中线，并据此衬砌完毕。A、B 两点之间是尚未衬砌的调线地段。在隧道贯通后，以 A、B 两点作为已知点，在其间构成含贯通点 E 的附合导线。用附合导线平差的方法计算各导线点的坐标，作为洞内未衬砌地段隧道中线点放样的依据。

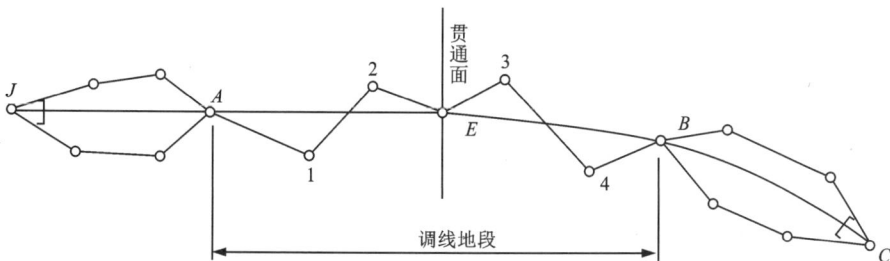

图 5-28　用洞内导线调整贯通误差示意图

（2）调线地段位于曲线上。

当调线地段全部位于圆曲线上时，应根据实际横向贯通误差，可由调线地段圆曲线的两端向贯通面按长度比例调整中线位置，也可用调整偏角法进行调整，也就是说，在贯通面两侧每 20 m 弦长的中线点上，增加或减小 $10''\sim60''$ 的切线偏角值。

由于贯通误差的存在，当贯通点在曲线始、终点附近时，调线地段既有曲线又有直线，曲线的切线与贯通面另一侧的直线既不重合也不平行。如图 5-29 所示，进口端曲线的 HZ 点在贯通面附近，过 HZ 点的切线与出口端为直线的中线相交于 K 点，其交角为 β。为使曲线切线平行于出口端中线，可保持缓和曲线长度不变，将圆曲线增加或减小一段弧长，使这段弧长所对的圆心角等于 β。这样，YH 点移至 YH' 点，HZ 点移至 HZ' 点，过 HZ' 点的切线由原切线方向旋转一 β 角，与出口端中线平行，而 JD 点移至 JD' 点，转向角由 α 变为 α'，切线长也相应增加。

将图 5-29 中贯通面部分放大，可得到如图 5-30 所示的图形。

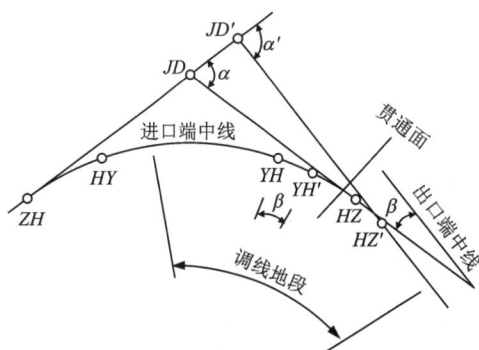

图 5-29　调整圆曲线长度示意图

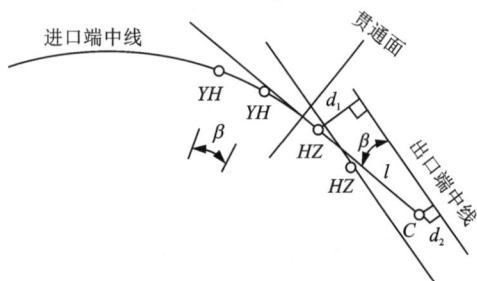

图 5-30　计算 β 示意图

将过 HZ 点的切线适当延长至 C 点，测量 HZ 点至 C 点的距离为 l，由 HZ 点和 C 点分别量出至出口端中线的垂距 d_1 和 d_2，则 β 角为：

$$\beta = \frac{d_1 - d_2}{l} \times \frac{180°}{\pi}(°) \qquad (5-8)$$

β 角的精度取决于 l 的长度及距离测量的精度。若 β 角欲达到 $10''$ 的精度，l 应不小于 60 m；若 β 角欲达到 $30''$ 的精度，l 应不小于 20 m；若 β 角欲达到 $1'$ 的精度，l 应不小于 5 m。一般情况下，d_1 和 d_2 的测量中误差应达到 ±1 mm，而测量 l 时精确到 cm 即可。

设圆曲线半径为 R，圆曲线长度的变化值为：

$$\Delta L = \frac{\beta \times R \times \pi}{180} \qquad (5-9)$$

需要注意的是，当 $d_1 > d_2$ 时，$\beta>0$，$\Delta L>0$，圆曲线长度增加；当 $d_1 < d_2$ 时，$\beta<0$，$\Delta L<0$，圆曲线长度减小。

将曲线的切线与贯通面另一端为直线的中线调整平行后，应进行检核。延长过 HZ' 点的切线 20 m 以上，测量延长切线两端点至出口端中线的垂距，应相等。

以上调整方法称为"调整圆曲线长度法"。

调整圆曲线长度后，曲线的切线已经与贯通面另一端的为直线的中线平行，但仍不重合，此时，可用"调整曲线始、终点法"进行调整。

如图 5-31 所示，将曲线的 ZH 点沿过 ZH 点的切线方向连同整个曲线向 JD 点方向平移一段距离 m，此时，ZH 点移至 ZH′点，JD′点移至 JD″点，HZ′点移至 HZ″点，这样，过 HZ 点的切线与出口端中线就完全重合了。m 值可按下式求得：

$$m = \frac{s}{\sin \alpha'} \tag{5-10}$$

式中：s 为调整平行后的切线与出口端中线的距离；α′为调整平行后的转向角。

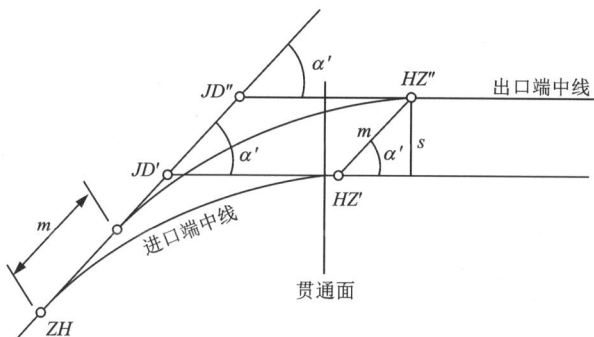

图 5-31　调整重合示意图

实际操作时，将 ZH 点移至 ZH′点，然后以 ZH′点为曲线起点，测设曲线。

所有未衬砌地段的工程，在中线调整之后，均应以调整后的中线指导施工。

(3)高程贯通误差的调整。

贯通点附近的水准点高程，采用由贯通面两端分别引进的高程的平均值，作为调整后的高程。洞内未衬砌地段的各水准点高程，根据水准路线的长度对高程贯通误差按比例分配，求得调整后的高程，并作为施工放样的依据。

三、路基边坡放样

路基边坡放样的内容：路堑开挖边界线、路堤填筑边界线。路基边坡放样是路基施工的首要工作。

从图 5-32、图 5-33 中我们可以看出，开挖、填筑的高度越高，边界线距离路基的距离越远，可见边界线的位置与地形的起伏有关。

不论是开挖还是填筑，在路基两侧都形成一个坡面，受地质因素及防护措施影响，坡面有陡有缓，工程上用坡度来描述陡缓情况，坡度用 1∶m 来表示，说明高差变化 1 米，宽度变化 m 米。

图 5-32 路堑开挖边界线

图 5-33 路堤填筑边界线

(一)开挖边桩放样

如图 5-34 所示,开挖边距 B=图纸给定宽度 B_0+放坡宽度 B_f。

放坡宽度取决于三个量:设计开挖坡度 $1:m$、坡脚高程 $H_{脚}$、坡顶高程 $H_{顶}$。设计开挖坡度 $1:m$、坡脚高程由图纸给定,坡顶高程需要现场实测。

$$放坡宽度 \ B_f = m(H_{顶} - H_{脚}) \tag{5-11}$$

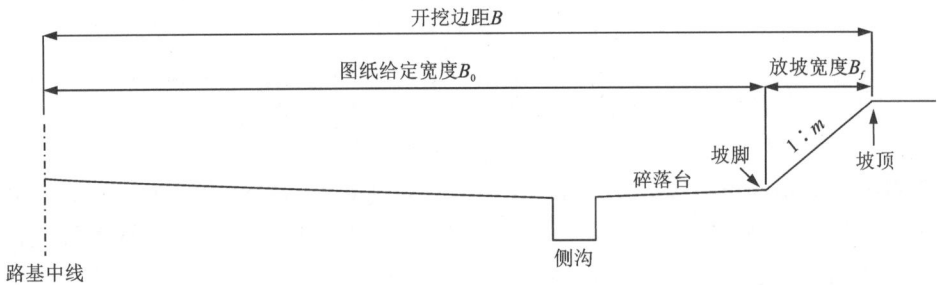

图 5-34 路堑开挖边距

开挖边桩放样流程如图 5-35 所示。

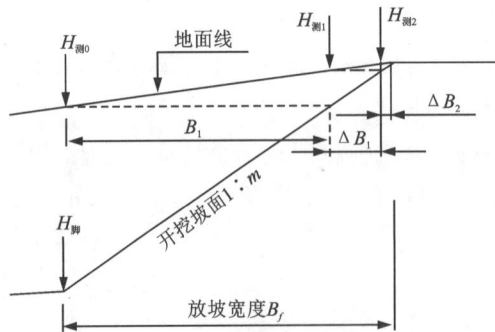

图 5-35 放坡宽度确定

96

（1）放样坡脚桩位 B_0，打桩，并实测地面高程 $H_{测0}$。

（2）计算开挖边距，$B=B_0+m(H_{测0}-H_{脚})$，放样该边桩，实测地面高程 $H_{测1}$。

（3）计算开挖边距增加值，$\Delta B_1=m(H_{测1}-H_{测0})$，计算值 ΔB_1 小于 0.1 m 时，打桩，做好标识。若 ΔB_1 大于 0.1 m，放样桩位 $B_0+B_1+\Delta B_1$，实测地面高程 $H_{测2}$，再次计算 $\Delta B_2=m(H_{测2}-H_{测1})$，直至 ΔB_i 小于 0.1 m 时，打桩。

开挖边距最终值为 $B=B_0+B_1+\Delta B_1+\Delta B_2+\cdots+\Delta B_{i-1}$。

（4）放样路基中桩，供施工人员掌握开挖方向。

ΔB_i 可能出现负值，计算距离时将负号一并带入计算即可。后次实测地面高程大于前次，边桩外移，反之，边桩内移。

案例：断面里程 DK6+040，开挖坡脚至路基中线距离 B_0（8.5 m），坡脚设计标高 76.73 m，设计开挖坡度 1∶1.25，实测地面高程如图 5-36 所示。放样任务：右侧开挖边桩。全站仪放样过程如下：

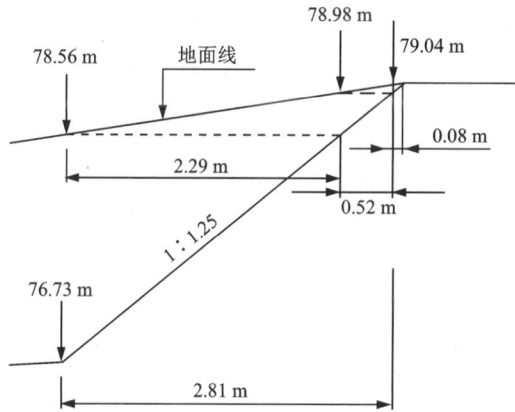

图 5-36　开挖边桩放样案例

（1）全站仪安置在控制点，量取仪高；建站，注意输入测站点高程、仪高、棱镜高。

（2）放样 DK6+040 右 8.5 m 桩位，实测地面高程 78.56 m。

（3）计算得 $B_1=1.25\times(78.56-76.73)=2.29$ m，$B_0+B_1=10.79$ m。

（4）放样 DK6+040 右 10.79 m 桩位，实测地面高程 78.98 m。

（5）计算得 $\Delta B_1=1.25\times(78.98-78.56)=0.52$ m，$B=B_0+B_1+\Delta B_1=11.31$ m。

（6）放样 DK6+040 右 11.31 m 桩位，实测地面高程 79.04 m。

（7）计算得 $\Delta B_2=1.25\times(79.04-78.98)=0.08$ m，小于 0.1 m，打桩，做好标识。

断面 DK6+040 开挖右边桩的位置最终为右 11.31 m。

（二）填筑边桩放样

如图 5-37 所示，填筑边距 $B=$ 路基设计半宽 B_0+放坡宽度 B_f。

放坡宽度取决于三个量：设计坡度 1∶m、坡脚高程 $H_{脚}$、设计路肩高程 $H_{肩}$。设计填筑坡度 1∶m、设计路肩高程 $H_{肩}$ 由图纸给定，坡脚高程需要现场实测。

$$放坡宽度 B_f=m(H_{肩}-H_{脚}) \tag{5-12}$$

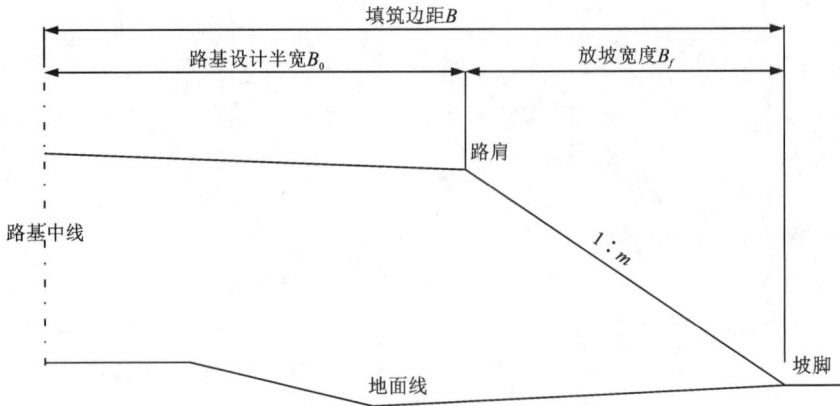

图 5-37　路堤填筑边距

填筑边桩放样流程如图 5-38 所示。

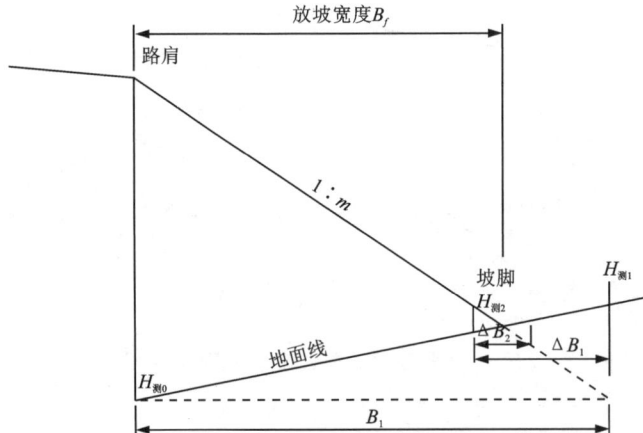

图 5-38　放坡宽度确定

（1）放样路肩位置 B_0，打桩，并实测地面高程 $H_{测0}$。

（2）计算开挖边距，$B=B_0+m(H_{肩}-H_{测0})$，放样该边桩，实测地面高程 $H_{测1}$。

（3）计算开挖边距增加值，$\Delta B_1=m(H_{测0}-H_{测1})$，计算值 ΔB_1 小于 0.1 m 时，打桩，做好标识。若 ΔB_1 大于 0.1 m，放样桩位 $B_0+B_1+\Delta B_1$，实测地面高程 $H_{测2}$，再次计算 $\Delta B_2=m(H_{测1}-H_{测2})$，直至 ΔB_i 小于 0.1 m 时打桩。

填筑边距最终值为 $B=B_0+B_1+\Delta B_1+\Delta B_2+\cdots+\Delta B_{i-1}$。

后次实测地面高程大于前次，边桩内移，反之，边桩外移。

为保证路基压实质量，填筑边距在上述计算值的基础上加宽 0.3 m，放样后应对施工员做好技术交底，防止施工员再次加宽超填。

案例：断面里程 DK7+120，路基设计半宽 B_0 为 6.0 m，路肩设计标高 78.16 m，设计填筑坡度 1:1.5，实测地面高程如图 5-39 所示。放样任务：右侧填筑边桩。全站仪放样过程

98

如下：

（1）全站仪安置在控制点，量取仪高；建站，注意输入测站点高程、仪高、棱镜高。

（2）放样 DK7+120 右 6.0 m 桩位，实测地面高程 75.04 m。

（3）计算得 $B_1 = 1.5×(78.16-75.04) = 4.68$ m，$B_0+B_1 = 10.68$ m。

（4）放样 DK7+120 右 10.68 m 桩位，实测地面高程 75.52 m。

（5）计算得 $\Delta B_1 = 1.5×(75.04-75.52) = -0.72$ m，$B = B_0+B_1+\Delta B_1 = 9.96$ m。

（6）放样 DK7+120 右 9.96 m 桩位，实测地面高程 75.43 m。

（7）计算得 $\Delta B_2 = 1.5×(75.52-75.43) = 0.14$ m，$B = B_0+B_1+\Delta B_1 = 10.10$ m。

（8）放样 DK7+120 右 10.10 m 桩位，实测地面高程 75.46 m。

（9）计算得 $\Delta B_3 = 1.5×(75.43-75.46) = 0.05$ m，小于 0.1 m，外移 0.3 m 打桩，做好标识。

断面 DK6+040 开挖右边桩的位置最终为右 10.40 m。

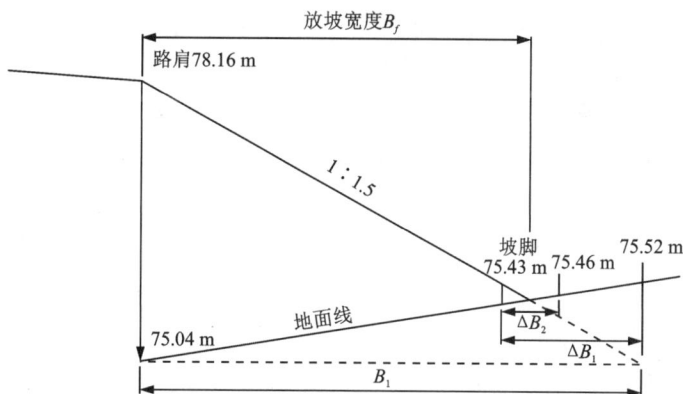

图 5-39 填筑边桩放样案例

路基边坡边桩的位置都与理论值有一定的差异，偏差在 0.1 m 以内，满足规范要求，不必细究。若有设计横断面图，可以直接量出边桩宽度，换算为实地距离后放样，实测地面高程，计算边桩宽度，若与设计值相差 0.1 m 以内，即可打桩；若大于 0.1 m，根据上述步骤移动桩位。路基处于曲线位置时，一般情况下均有加宽，加宽值由图纸给定，边桩放样时必须予以考虑。一般情况下每 20~40 m 放样一个断面，当原地面纵向起伏较大或呈台阶状时，应加密桩位，变坡点间（即每一坡段）应至少放样两个桩位，便于洒灰线。

单元六　高速铁路测量

一、概述

(一)高速铁路精密工程测量的概念

高速铁路精密工程测量是相对于传统的铁路工程测量而言的,为了实现列车在高速行驶条件下,旅客列车的安全性和舒适性,高速铁路必须具有非常高的平顺性和精确的几何参数,轨道测量精度要达到毫米级,其测量方法、测量精度与传统的铁路工程测量完全不同。我们把适合高速铁路工程测量的技术体系称为高速铁路精密工程测量,高速铁路精密工程测量控制网简称为精测网。

(二)高速铁路精密工程测量的特点

传统的铁路测量技术是按照切线上的转点、曲线控制点、交点或副交点来控制线路中线。这种采用定测控制桩作为施工测量基准的技术,存在极大弊端。一是线路定测的测量精度低,施工单位要对误差的调整、曲线的调整等做大量的工作,设计线形被改变。二是工程开工后,控制桩连续丢失,导致线路的测量控制基准不复存在,这对后续施工中的测量及竣工测量和运营阶段的线路复测造成极大麻烦。

与传统的铁路测量技术相比,高速铁路精密工程测量具有以下特点。

(1)高速铁路精密工程测量采用“三网合一”的测量体系。高速铁路的测量控制网,必须满足勘测控制网、施工控制网、运营维护控制网坐标及高程系统的起算基准和精度的协调统一,保证高速铁路工程建设的顺利实施。设计、施工、运营过程中统一的测量基准、测量方法和测量精度,在设计阶段的设计线路改移、施工阶段的控制点增补、运营阶段的阶段性复测都采用统一的控制网,使得运营阶段的线路始终处于设计位置,实现了真正意义上的按设计施工。

(2)高速铁路精密工程测量控制网的分级控制。高速铁路轨道必须具有非常精确的几何线性参数,精度要保持在毫米级的范围内,测量控制网的精度应在满足线下工程施工控制测量要求的同时,必须满足轨道铺设的精度要求,使轨道几何参数与设计位置之间的偏差保持在最小;轨道的绝对定位通过由各级控制网组成的测量系统来实现,保证轨道与线下工程的空间位置相匹配协调。由此可见,必须按分级控制的原则建立高速铁路精密工程测量控制网。

高速铁路精密工程测量平面控制网在框架控制网(CP0)基础上(点间距20~50 km)分三级布设,如图6-1所示。

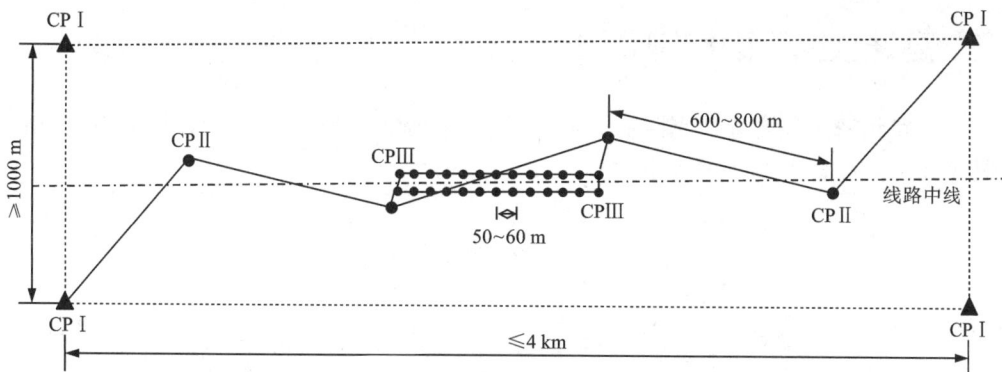

图 6-1 高速铁路精密工程测量平面控制网布设示意图

第一级：基础平面控制网（CPⅠ）。主要为勘测、施工、运营维护提供坐标基准，测量等级为二等。

第二级：线路平面控制网（CPⅡ）。主要为勘察、施工提供控制基准，测量等级为三等。

第三级：轨道控制网（CPⅢ）。主要为轨道铺设和运营维护提供控制基准。

高速铁路精密工程测量高程控制网在设计、施工、运营阶段分二级布设。

第一级：线路水准基点控制网。主要为高速铁路勘察设计、施工提供高程基准，测量等级为二等水准。

第二级：轨道高程控制网（CPⅢ高程）。主要为高速铁路轨道施工、运营维护提供高程基准，测量等级为精密水准。

（3）高斯投影变形小于 1/100000。高速铁路采用的平面坐标系统应采用边长投影变形值不大于 10 mm/km 的工程独立坐标系。高速铁路精密工程测量精度要求高，施工中要求由坐标反算的边长值与现场实测值应保持一致，即尺度统一。然而，由于地球表面是凹凸不平的曲面，地面上的测量数据需要投影到施工平面上，而曲面上的几何图形投影到平面上时，不可避免地会产生变形。采用国家 3°带投影的坐标系统，投影带边缘的边长投影变形值可达 340 mm/km，这无疑会给无砟轨道的施工带来非常大的困难。高斯投影变形对工程施工的影响是系统性的，因此投影变形越小，对工程施工越有利。为此，我国高速铁路通常采用任意中央子午线和任意投影面大地高的高斯投影方法来建立工程独立坐标系。

（4）高速铁路轨道必须采用绝对定位与相对定位测量相结合的铺轨测量定位模式。原来铁路轨道的铺设是按照线下工程的施工现状，采用相对定位的方法进行铺设，即轨道的铺设是按照 20 m 弦长的外矢距来控制轨道的平顺性，没有采用坐标对轨道进行绝对定位。相对定位的方法虽然能很好地解决轨道的短波不平顺性，但对于轨道的长波不平顺性则无法解决。对于高速铁路，曲线的半径大，弯道长，如果仅采用相对定位的方法进行铺轨控制，而不采用坐标进行绝对控制，则轨道的线型就不能满足设计要求。

（5）高速铁路工程建筑物的沉降变形测量成为工程建设中的关键工序。严格控制路基、桥梁、隧道基础的工后沉降，确保轨道的平顺性，将是高速铁路修建成败的关键。因此，高速铁路工程需要从施工阶段就开始进行建筑物的沉降变形测量工作，运营期间也需要持续不断地对建筑物基础进行监测。铁路全线采用国家二等水准测量精度全线贯通。

二、高速铁路平面控制测量

高速铁路精密工程测量平面控制网应按照逐级控制的原则布设，各级平面控制网的设计主要技术要求应符合表6-1的规定。

表6-1　平面控制网技术要求

控制网	测量方法	测量等级	点间距	相邻点的相对中误差/mm	备注
CP0	GNSS	—	50 km	20	—
CP I	GNSS	二等	≤4 km 一对点	10	点间距≥800 m
CP II	GNSS	三等	600~800 m	8	—
	导线	三等	400~800 m	8	附合导线网
CP III	自由测站边角交会	—	50~70 m 一对点	1	

注：①CP II 采用 GNSS 测量时，CP I 可按 4 km 一个点布设；②相邻点的相对中误差为平面 x、y 坐标分量中误差。

(一)GNSS 测量

高速铁路平面控制测量优先使用 GNSS 测量方法。测量工作应由具有甲级工程测量专业测绘资质的测量单位进行。参加测量项目的所有人员应持证上岗，做到职责分工明确。测量负责人应由测绘专业技术人员担任。卫星接收机必须在检定有效期内。

1. 准备工作

(1)根据测区的实际情况，选择合理的观测时段。

(2)编制观测计划。综合考虑点位连接、交通、通信、车辆调度、就餐等问题。

(3)仪器设备准备。所有仪器进行详细检查，确保符合精度要求。进行设备充电，带足备用电池。

(4)综合考虑人员保暖、防暑降温、蚊虫叮咬、毒蛇咬伤等因素，制定安全预案，确保作业安全。

2. 网形连接

采用边连接或网连接形式。CP0 应以 2000 国家大地坐标系作为坐标基准，以 IGS 参考站或国家 A、B 级 GNSS 控制点作为约束点，进行控制网整体三维约束平差。

CP I 应附合到 CP0 上，并采用固定数据平差。

CP II 应附合到 CP I 上，并采用固定数据平差。

CP III 应附合到 CP I 或 CP II 上，并采用固定数据平差。

3. 技术要求

GNSS 控制网测量的精度指标及技术要求按照《高速铁路工程测量规范》(TB 10601—2009)实施，如图 6-2 所示。

图 6-2　高速铁路工程测量规范

4.其他作业要求

（1）每天作业前，应对光学对中器、水准管进行检查并做记录。在作业过程中应经常检查使其保持正常状态。水准管应置于背向太阳的阴侧，对中误差不大于 1 mm。

（2）遇到极端冷热天气，仪器应在室外放置一段时间与室外温度一致后再开始作业。

（3）安置仪器时，脚架踏实，在冰雪地区，采取措施避免随太阳照晒、气温升高导致脚架松动。

（4）天线安置应严格对中、整平，准确量取天线高度。天线高度在每个时段的测前和测后各量取一次，两次量取天线高度较差小于 2 mm 时取均值。量取天线高度应注明量取方式，一般为斜高；当遇到强制对中观测墩时，应作图示量取位置。

（5）测量记录手簿应逐项如实填写完整，不得涂黑修改。严格听从调度发布的关机时间，不得擅自提前关机。

（6）同一时段的观测过程中不得关闭并重新启动仪器，不得改变仪器的参数设置，不得转动天线位置。在有效观测时段内，如中途断电，则该时段必须重测。

（7）若观测过程中遇小雨，应将基座用塑料袋包裹保护，以免仪器进水。若遇到强雷雨、风暴天气，应立刻停止当前观测时段的作业。

（8）每个时段观测结束后，要求在 180°方向上重新对中、整平安置仪器后，进行下一时段的观测。

5.GNSS 数据处理流程与步骤

由于精度等级不同，高速铁路低等级测量控制网应附合到高等级测量控制网上。其处理流程和步骤一般为：数据预处理、基线解算、基线质量检查、无约束平差、约束平差。

（二）导线测量

线路平面控制网 CPⅡ在路基和桥梁上一般采用 GNSS 静态相对定位测量方法施测；在隧道洞内一般采用智能型全站仪测回法或全圆方向观测法施测，网形一般为交叉导线网或自由测站边角交会网等。

智能型全站仪具有马达驱动、自动照准、遥控测量等功能,具有测量精度高(测角精度不低于1 s)、使用方便等优点,已广泛应用于高速铁路CPⅡ导线测量、CPⅢ平面测量、精密三角高程测量等工作。市场上常见的是徕卡智能型全站仪(图6-3、图6-4)。

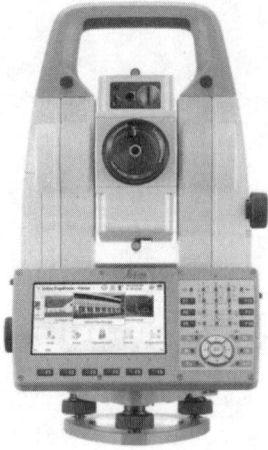

图6-3 徕卡TS16(1″级)

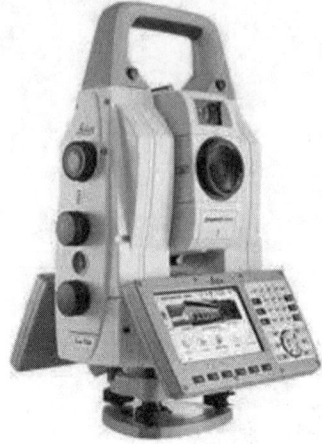

图6-4 徕卡TS60(0.5″级)

隧道内的CPⅡ一般是待隧道贯通后采用导线测量方法施测,洞内CPⅡ点通常沿线路走向成对布设,前后相邻间距300~600 m,以交叉导线网形式布网,导线边数以4~6条为宜,成对点布设,线路两侧点位之间的里程差尽量小,并从进洞与洞外CPⅠ联测,隧道CPⅡ控制网如图6-5所示。

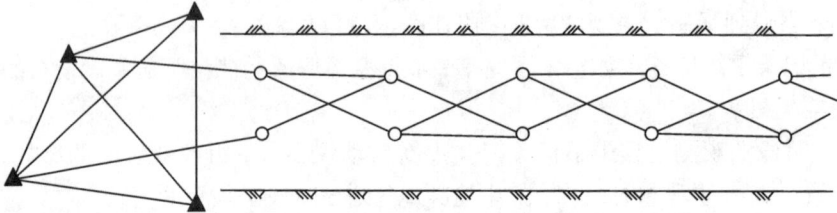

图6-5 隧道导线测量示意图

隧道内导线测量技术要求按照《高速铁路工程测量规范》(TB 10601—2009)实施。

其他作业要求如下:

(1)洞内CPⅡ导线测量时每个洞口联测2个CPⅠ点,附合在洞外CPⅠ点上。

(2)观测前应先将仪器开箱放置20 min左右,让仪器与洞内温度基本一致。

(3)洞口测站观测宜在夜晚或阴天进行;隧道洞内观测应充分通风,无施工干扰,避免尘雾、水雾、震动。

(4)目标棱镜人工观测时应有足够的照明度,受光均匀柔和、目标清晰,避免光线从旁侧照射目标;采用自动观测时应尽量减少光源干扰。

104

（三）CPⅢ测量

新建铁路对线下基础工程的工后沉降要求非常严格，CPⅢ测量应在线下工程沉降评估通过之后进行。

1. CPⅢ标志

CPⅢ点应设置强制对中标志，标志几何尺寸的加工误差应不大于 0.05 mm，CPⅢ标志棱镜组件安装精度应符合表 6-2 的要求。

表 6-2　CPⅢ标志棱镜组件安装精度要求

CPⅢ标志	重复性安装误差/mm	互换性安装误差/mm
X	0.4	0.4
Y	0.4	0.4
H	0.2	0.2

CPⅢ预埋件统一采用铁路总公司评审通过的如图 6-6 所示预埋件。

图 6-6　CPⅢ及加密 CPⅡ（路基、桥梁段）通用预埋件

连接采用螺丝紧扣。预埋件埋设要求及方法如下：

路基段 CPⅢ标志桩线路侧、桥梁段防撞墙或挡砟墙顶预留孔位或钻孔，采用 50 mm 左右直径钻头，钻深 70 mm。竖向钻孔时，应尽量保持竖直，以保证 CPⅢ预埋件埋设好以后预埋件管口平行于结构物顶面；横向钻孔（如路基、隧道段）时，应注意孔位有一定的向上倾斜度，以保证 CPⅢ预埋件埋设好以后口部略高于底部。采用水泥砂浆填充孔位，安装并调整预埋件，让预埋件管口与结构物表面齐平，并及时清理干净沿预埋件外壁四周被挤出的水泥砂浆。待水泥砂浆凝固后进行复检，标志须稳固，不可晃动，标志内须无任何异物。预埋件埋设完成及不使用时，必须加设防尘盖，以防异物进入预埋件内影响预埋件使用及 CPⅢ点位精度。

2. CPⅢ点观测连接杆

平面观测连接杆如图6-7所示。

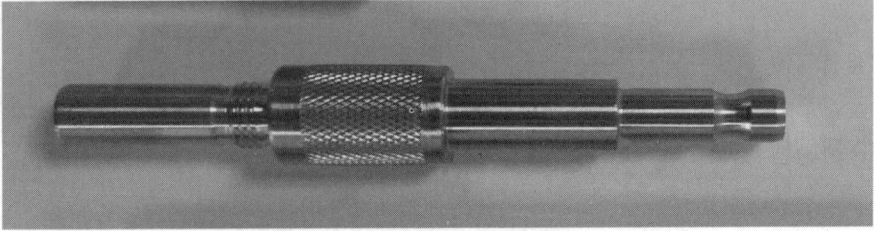

图6-7　CPⅢ平面观测连接杆

高程观测连接杆如图6-8所示。

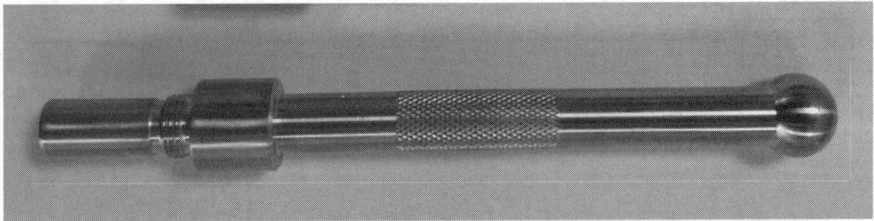

图6-8　CPⅢ高程观测连接杆

3. CPⅢ标志的使用

（1）平面测量时，应和已安装的预埋件配套一致，选择棱镜测量杆12根；把棱镜测量杆螺丝旋进预先埋设好的预埋件，使棱镜测量杆的突出横截面和预埋件管口严密连接。禁用扳手、锤子等工具强力安装棱镜测量杆；将棱镜安装在棱镜测量杆插头上；旋转棱镜头正对准全站仪；测量完成后用防尘盖将预埋件盖上。

注意事项：

①CPⅢ平面观测数据采集应在夜间开展。因全站仪采用ATR自动照准，观测受光源干扰较大，在无光源的漆黑环境，ATR自动照准精度最高；夜间温度较为稳定，气象条件好，大气折光影响小。

②CPⅢ平面测量点位随仪器、棱镜不同而有变化，因此采用的仪器和棱镜必须配套。

③一区段测量过程中，不能更换仪器及联测CPⅡ所使用的基座，而且复测、精调也尽量采用和初测建网时同样的仪器、棱镜。

④每一测站观测之前必须实时将温度、气压输入全站仪进行气象改正，并将温度、气压值记录在测站信息表中。

（2）高程测量时，应和已安装的预埋件配套一致，选择4根水准测量杆；把水准测量杆旋进预先埋设好的预埋件，使水准测量杆的突出横截面和预埋件管口严密连接。禁用扳手、锤子等工具强力安装水准测量杆；将钢钢水准尺安放在水准测量杆球头上；测量完成后用防尘盖将预埋件盖上。

4. CPⅢ点的布设与编号

CPⅢ点应成对布设，一般约为 50~70 m 布设一对，个别特殊情况下相邻点对间距最短不小于 40 m，最长不大于 80 m。路基段 CPⅢ点埋设于接触网杆基础之上的 CPⅢ桩柱线路侧；桥梁段 CPⅢ控制点埋设于固定支座端上方的挡砟墙(或防撞墙)顶；隧道段 CPⅢ点埋设于隧道边墙上。同一点对里程差不大于 3 m，CPⅢ点布设高度应大致等高，并高出设计轨道高程面 0.3 m 以上。

CPⅢ点的埋设一般宜采用预埋方式进行布设；对于后埋的，应采用锚固剂或速干水泥进行固定，确保 CPⅢ标志预埋件的稳固。

CPⅢ点编号采用 7 位编号形式(如 0000300)，具体要求如下：为避免长、短链地段编号重复的问题，前 4 位采用连续里程(贯通里程)的公里数，第 5 位正线部分为"3"，第 6、7 位为流水号，01~99 号数循环。由小里程向大里程方向顺次编号，里程增大方向轨道左侧的点，末位编号为奇数；里程增大方向轨道右侧的点，末位编号为偶数。如 CPⅢ点 0846315，表示该点位于线路里程 846~847 km 段，线路左侧，顺序号为 15。CPⅢ点编号示意图如图 6-9 所示。

CPⅢ布点时要对点位进行详细描述，主要描述的内容包括位于线路里程(里程要准确，精确至米)、具体设置位置和其他需要说明的情况等。丢失或破坏后补埋点，新点号在原点号末位加"0"以示区别。

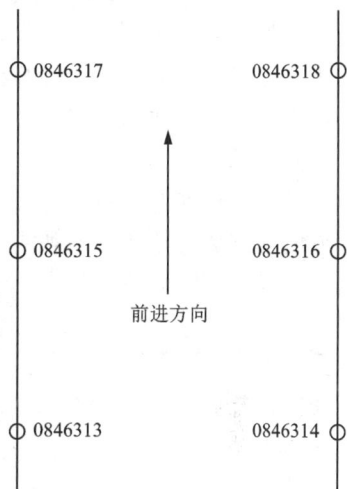

图 6-9　CPⅢ点编号示意图

5. CPⅢ点标绘

CPⅢ点编号路基地段宜标绘于 CPⅢ标志柱内侧，标志正下方 0.2 m 处；桥梁地段宜标绘于挡砟墙(或防撞墙)内侧，侧面及顶面与挡砟墙(或防撞墙)边缘齐；隧道地段宜标绘于隧道边墙上，标志正下方 0.2 m 处。点号标志采用白色油漆抹底，红色油漆喷写点号。注明 CPⅢ编号及"测量标志，严禁破坏"字样，喷写时使用统一规格的字模、字高，如图 6-10 所示。

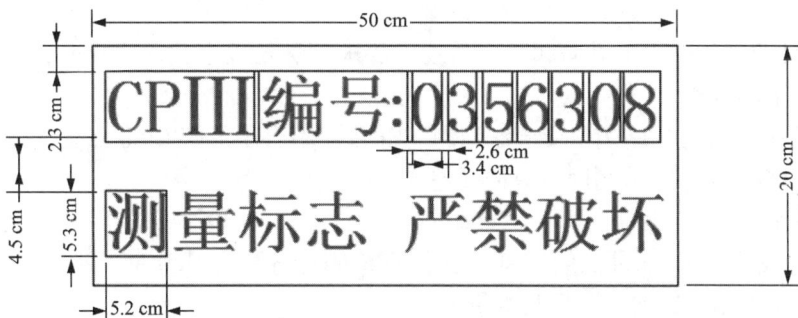

图 6-10　CPⅢ标识牌

6. CPⅢ测量使用的仪器及组件

CPⅢ测量采用的全站仪必须为智能型全站仪，高铁CPⅢ测量大部分使用徕卡系列智能型全站仪。棱镜应采用徕卡高精度金属外壳棱镜，棱镜相位中心稳定。观测前须按要求对全站仪及其棱镜进行检校，作业期间仪器须在有效检定期内。

7. CPⅢ数据采集及处理软件

在自由设站CPⅢ测量中，测量时必须使用与全站仪能自动记录及计算配套的专用数据采集与处理软件，所用软件必须通过铁道部相关部门正式鉴定，如中铁二院与西南交大开发的TPS Survey软件，若采用其他采集软件，其数据输出格式必须与中铁二院与西南交大联合开发的高速铁路通用平差软件Survey Adjust输入格式兼容。

8. CPⅢ测量

CPⅢ水平方向应采用全圆方向观测法进行观测。当观测方向较多时，也可以采用分组全圆方向观测法。全圆方向观测应满足表6-3的规定。

表6-3　CPⅢ水平方向观测技术要求

控制网名称	仪器等级	测回数	半测回归零差	不同测回同一方向2C互差	同一方向归零后方向值较差
CPⅢ	0.5″	2	6″	9″	6″
	1″	3	6″	9″	6″

CPⅢ距离测量应满足表6-4的规定。

表6-4　CPⅢ距离观测技术要求

控制网名称	测回	半测回间距离较差	测回间距离较差
CPⅢ	≥2	±1 mm	±1 mm

注：距离测量一测回是全站仪盘左、盘右各测量一次的过程。

当CPⅢ外业观测的水平方向和距离的技术要求不满足以上技术要求时，该测站外业观测值应部分或全部重测。

CPⅢ网应采用自由测站边角交会法施测。CPⅢ应附合于加密CPⅡ点上，每600 m左右应联测一个加密CPⅡ点，采用固定数据平差。

自由测站距CPⅢ点距离一般应大于20 m且小于150 m，最小不短于10 m或最大不超过180 m；自由测站距加密CPⅡ点的距离宜不小于20 m且不大于300 m。每个CPⅢ点至少应保证有3个自由测站的方向和距离观测量。

一般情况下采用测站间距为120 m的CPⅢ平面网型，每个CPⅢ点被3个自由测站观测；控制网网形如图6-11所示。

因遇施工干扰或观测条件稍差时，CPⅢ可采用图6-12所示的构网形式，平面观测测站间距应为60 m左右，每个CPⅢ点应有4个方向交会。

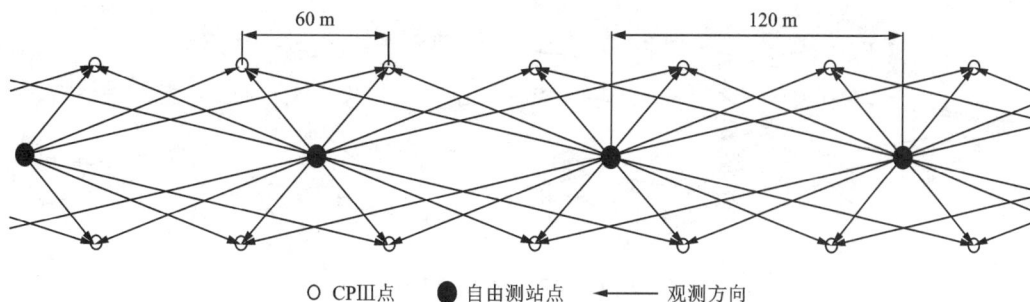

○ CPⅢ点　　● 自由测站点　　◄── 观测方向

图 6-11　测站间距为 120 m 的 CPⅢ观测网形示意图

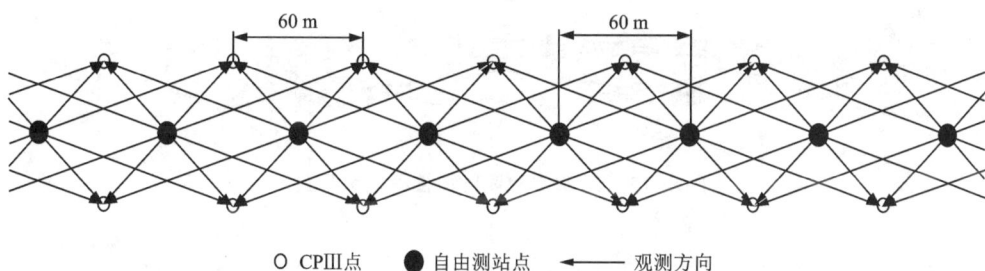

○ CPⅢ点　　● 自由测站点　　◄── 观测方向

图 6-12　测站间距为 60 m 的 CPⅢ构网形式

当采用在自由设站置镜观测加密 CPⅡ点时，应在 2 个或以上连续的自由测站上对其进行观测，如图 6-13 所示。

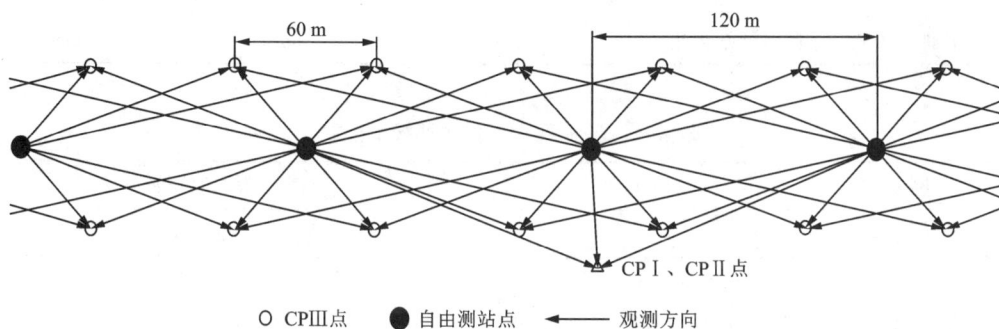

CPⅠ、CPⅡ点

○ CPⅢ点　　● 自由测站点　　◄── 观测方向

图 6-13　与已知点联测示意图

CPⅢ可根据施工需要分段测量，分段测量的区段长度不宜小于 4 km 且不宜大于 10 km，区段间重复观测不应少于 6 对 CPⅢ点，每一独立测段首尾必须封闭，且首尾必须附合到加密 CPⅡ点上。区段接头不应位于连续梁、不良路基或车站范围内。CPⅢ测段及测段衔接网型如图 6-14、图 6-15 所示。

9. CPⅢ数据处理

CPⅢ平差应采用中铁二院与西南交大联合开发的高速铁路通用平差软件 Survey Adjust，

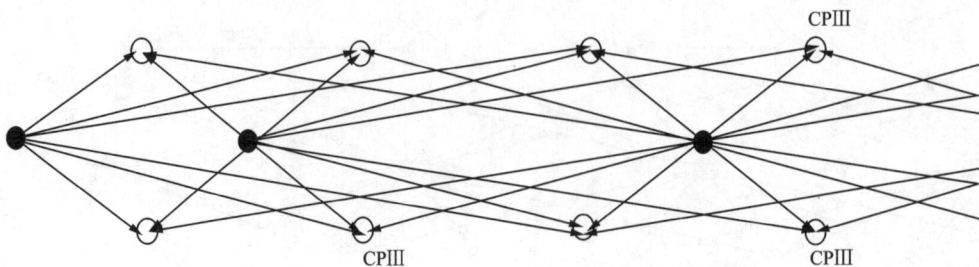

图 6-14　CPⅢ测段首尾网型示意图

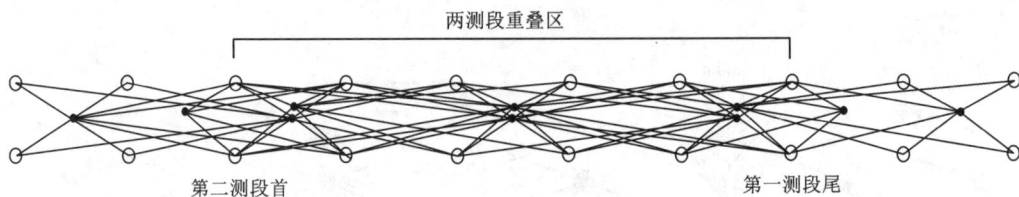

图 6-15　CPⅢ重叠测段衔接网型示意图

并进行 CPⅢ的外业观测数据与 CPⅢ平差计算的精度检核。CPⅢ精度指标如下：

CPⅢ平差后应满足表 6-5、表 6-6 的规定。

表 6-5　CPⅢ的主要技术指标

控制网名称	测量方法	方向观测中误差	距离观测中误差	相邻点的相对点位中误差
CPⅢ	自由测站边角交会	±1.8″	±1.0 mm	±1.0 mm

表 6-6　CPⅢ平差后的主要技术要求

控制网名称	方向改正数	距离改正数
CPⅢ	3″	2 mm

CPⅢ约束平差后的精度，应满足表 6-7 的规定。

表 6-7　CPⅢ约束平差后的主要技术要求

控制网名称	与 CPⅠ、CPⅡ联测		与 CPⅢ联测		点位中误差
	方向改正数	距离改正数	方向改正数	距离改正数	
CPⅢ	4.0″	4 mm	3.0″	2 mm	2 mm

110

测段间应重复观测不少于 6 对 CPⅢ点，作为分段重叠观测区域以便进行测段衔接。施工时，CPⅢ两端宜分别预留 6 对 CPⅢ点，作为后续 CPⅢ连接区域。测段之间衔接时，独立平差后重叠点前后区段坐标差值应满足 ≤±3 mm。满足该条件后，后一测段 CPⅢ平差，应采用本测段联测的加密 CPⅡ点坐标及不少于 2 对重叠段前一区段连续的 CPⅢ点坐标成果作为起算数据进行搭接平差。重叠区域 CPⅢ点坐标应统一采用后一区段 CPⅢ搭接处理好的平差结果，并在新提交成果备注栏注明为"更新成果"。

三、高速铁路高程控制测量

（一）线路水准基点测量

线路水准基点测量按《高速铁路工程测量规范》(TB 10601—2009)中的二等水准测量的技术要求执行，并实行分级控制。二等水准测量技术要求应满足表 6-8~表 6-10 的要求。

表 6-8　二等水准测量精度要求　　　　　　　　　　　　　单位：mm

水准测量等级	每千米水准测量偶然中误差 M_Δ	每千米水准测量全中误差 M_W	限差				
			检测已测段高差之差	往返测不符值		附合路线或环线闭合差	左右路线高差不符值
				平原	山区		
二等	≤1.0	≤2.0	$6\sqrt{Ri}$	$4\sqrt{K}$	$0.8\sqrt{n}$	$4\sqrt{L}$	—

表 6-9　二等水准测量主要技术要求

等级	水准仪最低型号	水准尺类型	视距/m		前后视距差/m		测段的前后视距累积差/m		视线高度/m		数字水准仪重复测量次数
			光学	数字	光学	数字	光学	数字	光学（下丝读数）	数字	
二等	DSZ1、DS1	因瓦	≤50	≥3且≤50	≤1.0	≤1.5	≤3.0	≤6.0	≥0.3	≤2.8且≥0.55	≥2次

表 6-10　二等水准加密测量的主要技术标准

等级	附合路线长度/km	水准仪最低型号	水准尺	观测次数
二等水准	≥8	DSZ1、DS1	因瓦	往返

二等水准加密点分区段测量时，应联测上一区段至少 2 个加密点进行接边测量。

作业前及作业过程中检查 i 角均应不超过 15″；水准尺须采用辅助支撑进行安置，测量转点应安置尺垫，尺垫选择坚实的地方并踩实以防尺垫的下沉。水准仪采用不低于 DS1 级数字水准仪，推荐使用天宝 DINI03(图 6-16)或徕卡 DNA03(图 6-17) 系列数字水准仪及其配套铟钢尺。

图 6-16　DINI03 数字水准仪

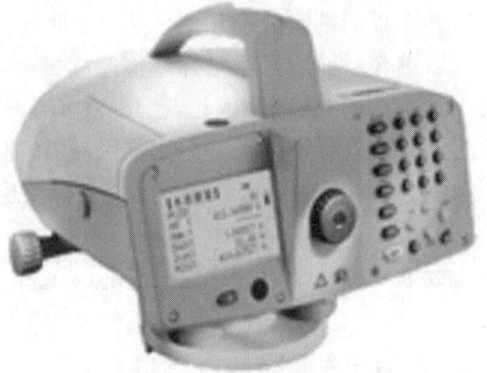

图 6-17　DNA03 数字水准仪

（二）三角高程上桥

当桥面与地面高差大于 3 m 时，二等水准高程传递采用不量仪器高、棱镜高的三角高程中视测量方法，具体如下：在高程传递点附近，分别在桥墩侧面和对应墩桥梁固定支座端挡砟墙埋设 CPⅢ专用标志杆，在桥墩侧面埋设处应绘制编号，观测时先用电子水准仪按二等水准作业要求将高程传递到墩底 CPⅢ高程标志杆，再用全站仪进行挡砟墙和墩底 CPⅢ平面标志杆高差传递。CPⅢ平面及高程标志杆均为标准件，高程传递点 A、B 使用 CPⅢ平面、高程标志件。因此，A、B 两 CPⅢ高程标志间高差为全站仪观测的三角高程高差，不需量测全站仪和棱镜高。三角高程上桥示意图如图 6-18 所示。

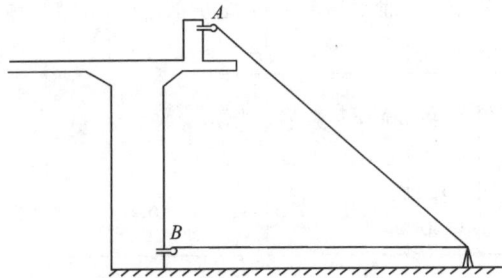

图 6-18　三角高程上桥示意图

为保证三角高程传递的准确性，每一上桥处应构成闭合环上桥，即在相邻 200 m 处再有一处三角高程引上桥，桥上的两个 A、B 点用水准仪测出高差，与两段三角高程高差构成闭合环，环闭合差应满足 $4\sqrt{L}$ 的要求。

具体做法如下：

结合线路水准控制网的特点，其一般 2 km 左右有一个水准网基点，故一般要求 CPⅢ水准线路 2 km 左右附合一次。桥梁地段因桥面与地面间高差较大，线路水准基点高程直接传递到桥面 CPⅢ点上有困难时，可通过不量仪器高和棱镜高的中间设站三角高程测量法传递，即要求在桥梁地段每 2 km 左右做一处三角高程测量，梁上三角高程点应埋设在梁的固定支

112

座正上方的挡砟墙(或防撞墙)上(可与CPⅢ点共用)。

(1)在桥墩上高出地面0.3 m的地方埋设一辅助点,辅助点横向垂直于桥墩;在桥上固定支座端防撞墙外侧低于顶面10 cm的地方埋设桥上辅助点,辅助点横向垂直于防撞墙。桥上、下的辅助点埋设件均为CPⅢ棱镜组件中的预埋件。

采用此方法时,桥下辅助点按二等水准测量要求进行往返测量,由距离其最近线路水准点引测(埋设时需考虑距线路水准点的距离不宜过长)。桥下辅助点编号一律为"水准基点名-X";桥上辅助点编号一律为"水准基点名-S"(若桥上辅助点是CPⅢ点,则应为CPⅢ点名)。

(2)使用的全站仪应具有自动目标识别功能,其标称精度应满足:方向测量中误差不大于1″,测距中误差不大于1 mm+2 ppm。每测站边长观测必须进行温度、气压等气象元素改正,温度读数精确至0.5℃,气压读数精确至1 hPa。采用CPⅢ棱镜组件及其配套精密棱镜。

(3)要求进行两组独立的观测,第一组观测完成后,将测站挪动位置后进行第二组观测。观测时,仪器与棱镜的距离一般不超过100 m,最大不得超过150 m,前、后视距差不应超过5 m。辅助点布设于在桥下桥墩位置,埋设位置及方法与桥梁段加密水准基点基本一致。

全站仪前后视可分别观测,采用正倒镜观测。每个观测组观测技术要求见表6-11。

表6-11 三角高程测量技术要求

垂直角测量			距离测量					不同观测组高差较差/mm
测回数	两次读数差/(″)	指标差互差/(″)	测回数	前后视水平距离/m	前后视距差/m	两次读数差/mm	测回差/mm	
4	≤±1.0	≤±5.0	4	≤100	≤±5	≤±1.0	≤±2.0	≤±1.0

(三)CPⅢ高程测量

1.技术要求

CPⅢ点水准测量应附合于线路水准基点,按精密水准测量技术要求施测,水准路线附合长度不得大于3 km。

精密水准测量应满足以下主要技术要求:

①精密水准测量精度要求见表6-12。

表6-12 精密水准测量精度要求表 单位:mm

水准测量等级	每千米水准测量偶然中误差M_Δ	每千米水准测量全中误差M_W	限差			
			相邻CPⅢ点对环闭合差	往返测不符值	附合路线闭合差	左右路线高差不符值
精密水准	≤2.0	≤4.0	±1	$8\sqrt{L}$	$8\sqrt{L}$	$6\sqrt{L}$

注:表中L为往返测段、附合或环线的水准路线长度,单位km。

②精密水准测量的主要技术标准要求见表6-13。

表6-13　精密水准测量的主要技术标准

| 等级 | 路线长度/km | 水准仪等级 | 水准尺 | 观测次数 | | 往返较差或闭合差/mm |
				与已知点联测	附合或环线	
精密水准	2	DS1	因瓦	往返	往返	$8\sqrt{L}$

注：①结点之间或结点与高级点之间，其路线的长度，不应大于表中规定的0.7倍。

　　②L为往返测段、附合或环线的水准路线长度，单位km。

③精密水准观测应符合表6-14的要求。

表6-14　精密水准观测主要技术要求

等级	水准尺类型	水准仪等级	视距/m	前后视距差/m	测段的前后视距累积差/m	视线高度/m
精密水准	因瓦	DS1	≤60	≤2.0	≤4.0	≥0.45
		DS05	≤65			

注：①L为往返测段、附合或环线的水准路线长度，单位km。

　　②DS05表示每千米水准测量高差中误差为±0.5 mm。

④测站观测限差可按表6-15执行。

表6-15　测站观测主要技术要求　　　　　　　　　　单位：mm

等级	两次读数之差	两次读数所测高差之差
精密水准	≤±0.5	0.7

2.观测方法

CPⅢ点水准测量按图6-19所示的矩形环单程水准网构网观测。CPⅢ水准网与线路水准基点联测时，按精密水准测量要求进行往返观测。

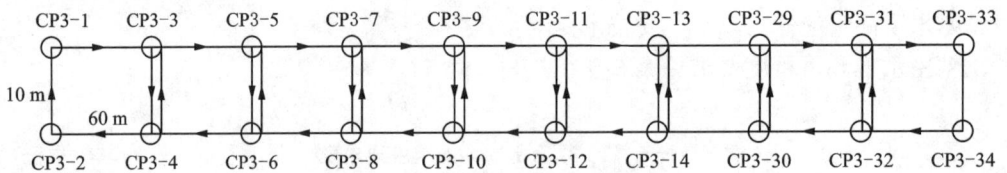

图6-19　CPⅢ高程矩形网观测示意图

每个闭合环的四个高差均由两个测站独立完成，同一里程点对间高差应为相反方向，精密水准测量测站按照后—前—前—后或前—后—后—前的顺序测量。CPⅢ高程测量外业记录表见表6-16。

表 6-16 CPⅢ高程测量外业记录表

测站	视准点	视距读数		标尺读数		读数差/mm	高差中数/m	累积高差/m	备注
	后视	后距1	后距2	后尺读数1	后尺读数2				
	前视	前距1	前距2	前尺读数1	前尺读数2				
		视距差/m	累积差/m	高差/m	高差/m				
1	170302	41.28	41.28	1.1143	1.1143	0.0	0.02510	0.02510	
	170301	41.73	41.72	1.0892	1.0892	0.0			
		-0.445	-0.445	0.0251	0.0251	0.0			
2	170301	40.74	40.71	1.0892	1.0893	-0.1	-0.09395	-0.06885	
	170303	40.25	40.24	1.1832	1.1832	0.0			
		0.480	0.35	-0.0940	-0.0939	-0.1			
3	170303	40.17	40.46	1.1820	1.1823	-0.3	-0.01960	-0.08845	公共边
	170304	39.64	39.55	1.2016	1.2019	-0.3			
		0.720	0.755	-0.0196	-0.0196	0.0			
4	170304	38.56	38.55	1.2019	1.2017	0.0	0.08750	-0.00095	
	170302	39.26	39.28	1.1143	1.1143	0.0			
		-0.715	0.040	0.0876	0.0874	0.2			
测段计算	测段起点	170302							
	测段终点	170302		累计视距差	0.040	m			
	累计前距	0.1608	km	累计高差	-0.00095	m			
	累计后距	0.1609	km	测段距离	0.3217	km			

CPⅢ点水准测量应对相邻4个CPⅢ点如图6-19所示构成的水准闭合环进行环闭合差检核，相邻CPⅢ点的水准环闭合差不得大于1 mm；平差后相邻点高差中误差不得大于0.5 mm。

CPⅢ高程可根据施工需要分段测量，分段测量的区段长度不宜小于4 km，区段分段情况应与平面网相同。区段间应重复观测不少于6对CPⅢ点，作为分段重叠观测区域以便进行区段衔接。区段之间衔接时，前后区段独立平差重叠点高程差值应≤±3 mm。满足该条件后，后一区段CPⅢ平差，应采用本区段联测的线路水准基点及重叠段前一区段2对以上连续的CPⅢ点高程成果进行约束平差。重叠区域CPⅢ点高程应统一采用后一区段CPⅢ搭接处理好的平差结果，并在新提交成果中备注栏注明为"更新成果"。

四、CRTSⅢ型板式无砟轨道板精调

CRTSⅢ型板式无砟轨道结构是将预制轨道板通过水泥沥青砂浆调整层，铺设在现场摊铺的混凝土支承层或现场浇筑的钢筋混凝土底座上，并对每块板限位的无砟轨道结构形式。

(一)轨道板粗铺

全站仪通过CPⅢ自由设站，在底座板上准确放出轨道板四角位置，然后用墨线弹出轨道板4条边线，方便轨道板准确定位。轨道板粗铺到位后方可进行轨道板的精调。

轨道板粗铺前，要测量复核底座板的高程。同时对曲线段应确定轨道板位置，并在支承层或底座上标注轨道板编号。轨道板铺设前，预先在底座表面放置支撑垫木(尺寸宜为90 mm×90 mm×300 mm)。轨道板起吊并移至铺板位置后，施工人员扶稳轨道板缓慢将轨道板落在预先放置的支撑垫木上，保证达到平面偏差小于10 mm的精度。

轨道板吊装就位后，取下轨道板两侧的吊耳，在轨道板起吊套筒位置安装精调爪，安装时注意拧紧丝扣，同时对精调爪横向调整留足余量。

通过4个精调爪稍微向上调整轨道板，待支撑垫木松动时，用长扳手敲打出垫木即可进行轨道板状态调整。

(二)轨道板精调系统的组成

CRTSⅢ型无砟轨道板精调系统由智能全站仪系统、速调标架(图6-20)、精调软件、无线通信模块组成。

图6-20 速调标架

其主要功能有：
(1)具有精密加工的专用标架，作为钢轨模拟装置，棱镜位置模拟钢轨支点。
(2)采用高精度具有自动搜索和瞄准功能的全站仪作为测量机器人，实行动态自动测量，精确定位轨道板实际位置。
(3)精调软件自动计算出板位横向、纵向和高程调整量，数据实时传输与质量控制。

（4）倾斜传感器、温度传感器、气压传感器的数据通信与信息的集成。

（5）无线控制外业测量手簿与全站仪、数据采集显示集成系统之间的数据通信，实现无线遥控操作与指示功能。

（6）具有工业级手持式掌上电脑，采用 Windows CE 操作界面，阳光下清晰可见，与电脑操作极为相似，简单易用。

（7）完整记录设计位置与实际位置坐标、板位精调时间、精调气象状态、问题日志，实现可追溯施工，便于后续平顺性分析。

（三）轨道板精调作业流程

1. 内业数据准备

（1）利用布板软件，对设计院给出的布板数据进行动态调整，计算出区段内轨道板最终铺设位置。对于给定铺设位置的轨道板，计算出轨道板精调文件，并复制到精调软件对应的文件路径下。精调文件内容即为精调作业时棱镜的设计坐标。

（2）精调区段内通过评估的 CP Ⅲ 点成果。

2. 设备检校与标定

包括全站仪、棱镜、气压温度计检校、测量标架检校。

由于标架受运输、气象等影响，在每天工作前需要对标架进行校验。操作步骤：先在距离全站仪一块轨道板远处的承轨台上，将标准标架安置在左侧螺栓孔上（全站仪左侧），对标架上固定好的棱镜进行测量，然后将标准标架水平反转 180° 再放入右螺栓孔（全站仪右侧），对棱镜进行测量。标准标架测量完毕后，在同一对承轨台上依次放上其他三副标架，仪器将按照先左棱镜后右棱镜的顺序自动进行测量并将与标准标架的偏差量计入精调软件中便于后续改正，以达到检校的目的。

3. 全站仪设站

原理：以线路两侧的 CP Ⅲ 作为测量的基准参考点，采用自由设站边角交会的方法确定全站仪的设站坐标和方位。

全站仪设站原则：

（1）测站宜设在线路中线附近、2 对 CP Ⅰ 控制点之间。

（2）每一测站观测的 CP Ⅰ 点数为 3~4 对。

（3）设站点的三维坐标分量偏差不应大于 0.7 mm。

（4）测量气象条件应避免在气温变化剧烈、阳光直射、大风或能见度低下等恶劣气候条件下进行，宜选择在阴天无风或日落 2 h 后、日出前等气象条件稳定的时段进行。

（5）测距应进行气象改正。

（6）轨道板精确定位的测量方向为单向后退测量，一个测站内的全站仪与轨道板之间的测量距离宜为 5~30 m（现场多采用架五调四和架六调五作业模式）。

（7）利用线路两侧的 CP Ⅰ 点进行自由设站后方交会，精确设定全站仪的坐标和方位。后方交会软件使用仪器自带的后方交会机载程序，全站仪后方交会完成后，须将全站仪设置为在线通信状态，便于手簿端获取测站数据。

（8）全站仪定向是确定仪器的初始方位角，也是确定精调的起算点，在定向结束后全站仪才能自动找到待调轨道板上的各个棱镜完成自动测量。

全站仪自由设站精调示意图如图6-21所示。

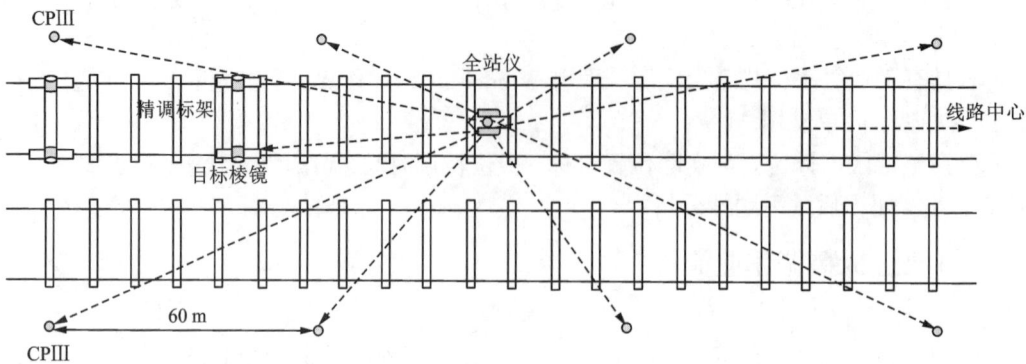

图6-21　全站仪自由设站精调示意图

(四)作业模式

(1)按照调板的作业模式,一测站内调板都是从距离全站仪最远端的那块轨道板开始,由远及近依次调板,如图6-22所示。

图6-22　精调方向

(2)精调测量中,严格按照标架安放方法,将标架安放在轨道板的4个调整点位处。而要搭接时,将5号和6号标架安放在搭接轨道板的调整点位处,安放布局如图6-23所示,取后调整棱镜对准全自动全站仪。当上述准备工作完成后,就可以开始进行轨道板精调测量。

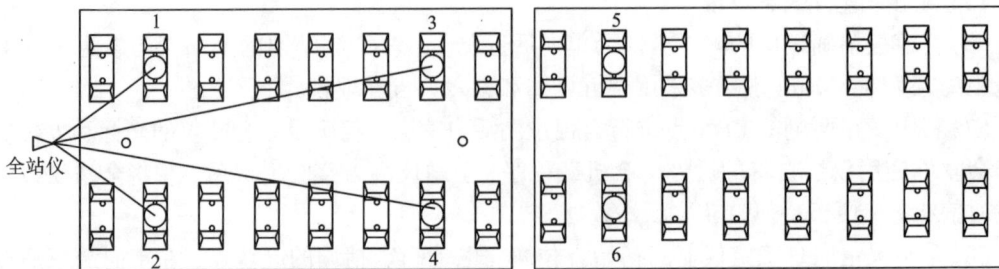

图6-23　精调标架安置

（五）精调测量

（1）安置标架，1 号标架安置在轨道板靠近全站仪端部的第 2 对承轨台上，以全站仪左侧方向为基准，标架触端贴在近左侧承轨台外钳口斜面上。2 号标架放置在轨道板另外一端第 2 对承轨台上。全站仪安置在精调前进方向上，距待精调轨道板 4 块轨道板的末端。全站仪测量方向与精调前进方向相反。

（2）全站仪定向完成后，瞄准轨道板上的第 1 个棱镜，开始测量第 1 个棱镜的坐标。测量好第 1 个棱镜后，依据一块板上 4 个棱镜间的相对位置关系可操控全站仪自动依次瞄准第 2~4 个棱镜完成坐标测量，并自动计算出调整量数据。

（3）可选择依次单击"测 1 测 2""测 3 测 4""完整测量"方式进行测量，计算出偏差指挥工人进行调整。

（4）完整测量后，若各项限差符合精调要求，则保存精调成果，进行下一块板测量；若存在超限，可采取单点测量进行重新调整，直至合格后保存成果。

（5）重复上述步骤进行下一块板测量，区别在于不用人工瞄准第 1 个棱镜。一个测站上可测量 4~5 块轨道板，同一测站内不用进行搭接。

（6）本站测量完毕，标架放在最后一块精调好的轨道板上。搬站，重新安置仪器，进行自由设站。

（7）换站搭接，重新测量放置在上一站最后一块精调好的精调标架 2 个棱镜，计算出偏北数据。偏差数据满足换站搭接要求，则进行换站搭接，将偏差数据分配到本站待精调的轨道板上；若偏差数据超限，应分析原因，无法解决则重调上一块板。

（8）换站搭接完毕，可重复（1）~（4）进行精调。

五、轨道测量

（一）轨道测量的基本概念

轨道测量是指使用专门的测量设备和测量手段对轨道的空间位置（外部几何状态）、轨距、超高等（被称为内部几何状态），以及轨道的平顺性数据（轨向、高低、正矢、扭曲）进行测量。

轨道测量的目的，一是获得轨道的实际空间位置、轨距、超高等数据，按照线路设计参数进行调整，使得修建的轨道满足施工运行的要求；二是获得轨道的平顺性数据，对修建的轨道进行评估、维护，使得轨道的平顺性满足列车的运行要求。

（二）轨道不平顺性的基本概念

轨道不平顺（track irregularity）是指两根钢轨在高低和左右方向与钢轨理想位置几何尺寸的偏差，即轨道的几何形状、尺寸和空间位置的偏差。

轨道不平顺对机车车辆系统是一种外部激扰，是产生机车车辆系统震动的主要根源。轨道不平顺随机变化规律的函数描述，是机车车辆与轨道系统动力分析的重要基础资料，这种动力分析是现代机车车辆和轨道设计、养护和质量评估的重要手段。广义而言，直线轨道不平、不直，对中心线位置和轨道高度、宽度正确尺寸的偏离，曲线轨道不圆顺，偏离曲线中心线位置和正确的曲率、超高、轨距值,偏离顺坡变化尺寸等轨道几何偏差,通称轨道不平顺。

普通铁路与高速铁路的不平顺性指标基本相同,主要有高低、轨向、轨距、水平、扭曲(三角坑)等不平顺。随着我国高速铁路的修建和开通,特别是动态检测技术的引进,参考轨道动态检测指标,在传统的轨道不平顺性指标基础上,又新引入一项高速铁路轨道不平顺性综合评定指标——轨道不平顺质量指数(TQI)。

轨道不平顺指标超标会影响行车安全性及人员乘坐舒适性,轨道不平顺性的种类很多,一般有以下几种分类方式:

(1)按照轨道对机车车辆激扰作用的方向分为垂向不平顺性、方向不平顺性、复合不平顺性。

垂向不平顺性指标有高低不平顺、水平不平顺、扭曲不平顺。

方向不平顺性指标有轨向不平顺、轨距不平顺。

真实的轨道不平顺性往往不是单一的垂向或方向不平顺,而是复合不平顺,即包含垂向不平顺性、方向不平顺性以及曲线头尾的几何偏差等多种综合不平顺。

(2)按照不平顺的波长分为短波不平顺、中波不平顺、长波不平顺。短波不平顺:波长小于 1 m 的不平顺,幅值多为 0.1~2 mm,主要由钢轨波纹或波浪磨耗、焊缝平顺度超标、剥离掉块和轨枕间距不符等造成。中波不平顺:波长在 1~30 m,幅值在 1~35 mm,主要由钢轨轧制过程中形成的周期性成分和波浪性磨耗、道床路基的残余变形、道床密实度不均、焊缝平顺度、桥涵刚度变化等造成。我们通常所说的高低、轨向、轨距、水平、扭曲(三角坑)等不平顺均为中波不平顺。长波不平顺:波长在 30~150 m,幅值在 1~60 mm,主要由路基施工后不均沉降、路基施工高程偏差、线路纵断面不达标和桥梁动扰度等造成。

1. 高低不平顺

高低不平顺,是指轨道沿钢轨长度方向在垂向的凹凸不平,如图 6-24 所示。它是由线路施工和大修作业的高程偏差、桥梁挠曲变形、道床和路基残余变形沉降不均匀、轨道各部件间的间隙不相等、吊板以及轨道垂向弹性不一致等造成的。

一般情况下,左、右轨高低的变化趋势基本一致,但在短距离内各自的变化往往不同,所以还必须区分左轨高低和右轨高低。

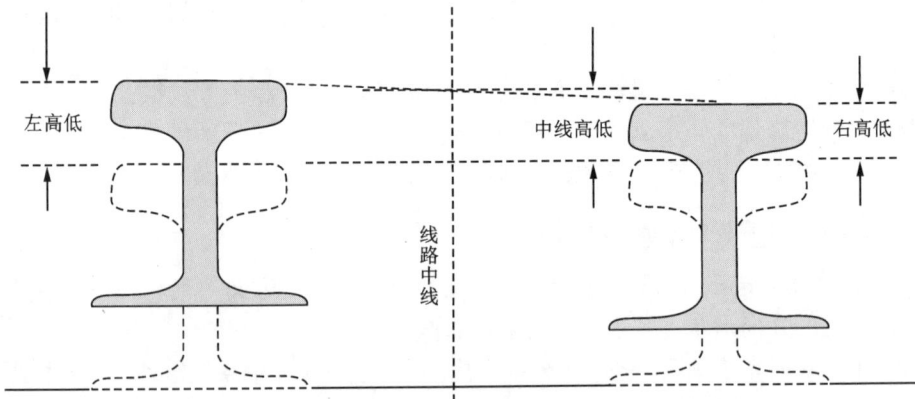

图 6-24 高低不平顺

2. 轨向不平顺

轨向不平顺，是指轨头内侧面沿长度方向的横向凹凸不平顺，如图 6-25 所示。它由铺轨施工、整道作业的轨道中心线定位偏差、轨排横向残余变形积累和轨头侧面磨耗不均匀、扣件失效、轨道横向弹性不一致等造成。左、右轨方向变化往往不同，尤其在扣件薄弱的区段差异更大，因此需要区分左轨方向和右轨方向，并将左、右轨方向的平均值作为轨道的中心线方向偏差。

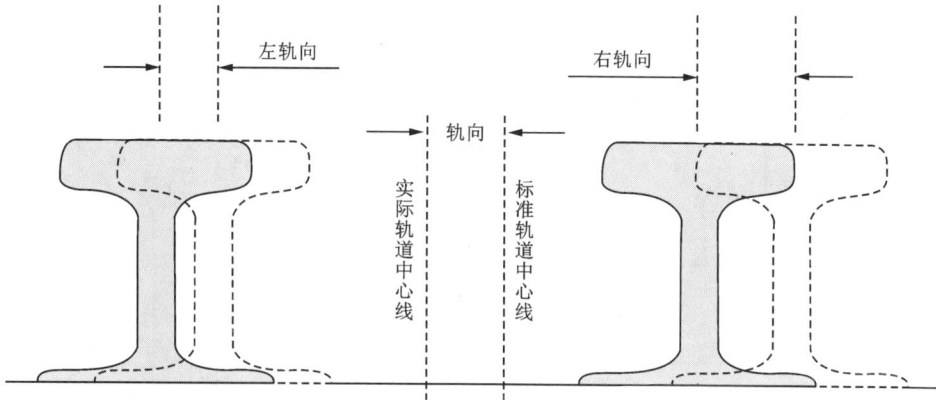

图 6-25　轨向不平顺

3. 轨距不平顺

轨距不平顺，即轨距偏差，是指在轨顶面以下 16 mm 处量得的左、右两轨内侧距离相对于标准轨距的偏差，如图 6-26 所示，通常由扣件不良、轨枕挡肩失效、轨头侧面磨耗等造成。

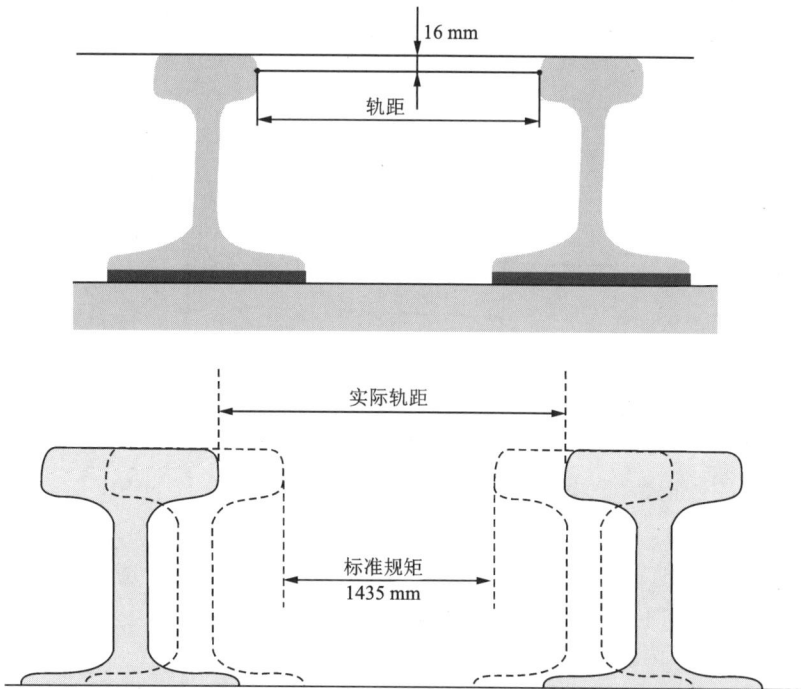

图 6-26　轨距不平顺

4.水平不平顺

水平不平顺,是指轨道同一横截面上左、右两轨顶面的高差,如图 6-27 所示。在曲线上,水平不平顺是指扣除正常超高值的偏差部分;在直线上,它是指扣除将一侧钢轨故意抬高形成的水平平均值后的差值。

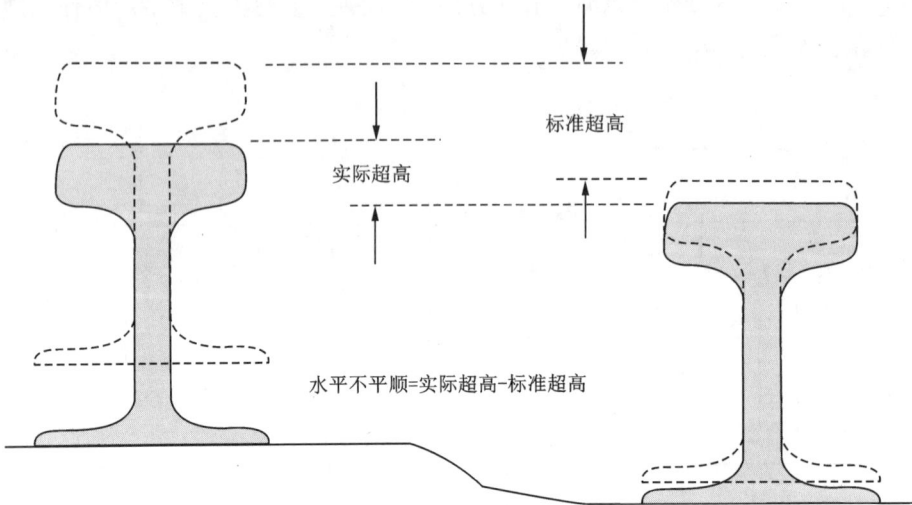

图 6-27　水平不平顺

5.扭曲不平顺

扭曲不平顺(我国常称三角坑),是指左、右两轨顶面相对于轨道平面的扭曲,用相隔一定距离的两个横截面水平幅值的代数差度量,如图 6-28 所示。

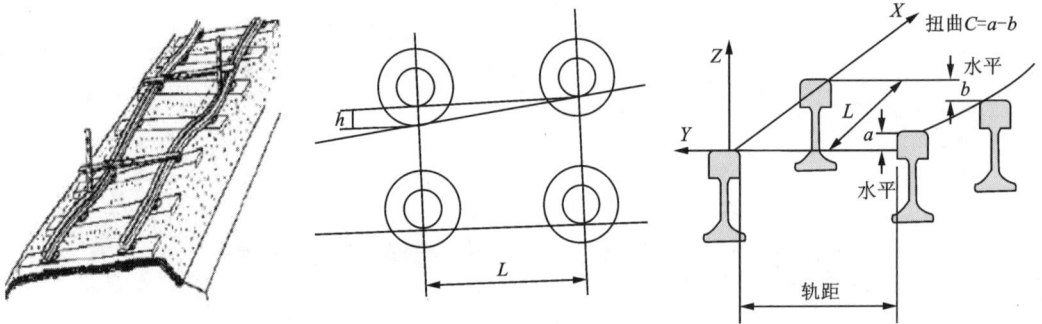

图 6-28　扭曲不平顺

6.轨道不平顺质量指数(TQI)

(1)TQI 的定义。

轨道不平顺质量指数 (track quality index, TQI),是采用数学统计方法描述区段轨道整体质量状态的综合指标和评价方法。

(2)TQI 的意义。

TQI 是高低、轨向、轨距、水平和三角坑的动态检测数据的统计结果,该值与轨道状态平

122

顺性密切相关,它表明 200 m 区段轨道状态离散的程度,即数值越大,轨道的平顺程度越差,波动性也越大。各单项轨道不平顺的统计值,同样也反映出该项轨道状态的平顺程度。

（3）TQI 的应用。

TQI 能综合评价线路整体质量,合理编制区段线路的综合维修计划,指导整修和大机作业,提高轨道状态维修的科学性、经济性、合理性,使维修管理更加科学化。

（4）TQI 的计算。

TQI 是左高低、右高低、左轨向、右轨向、轨距、水平、三角坑 7 项指标的不平顺性数据在 200 m 区段的标准差之和。

$$TQI = \sum_{i=1}^{7} \sigma_i \tag{6-1}$$

$$\sigma_i = \sqrt{\frac{1}{n}\sum_{j=1}^{n}(X_{ij}^2 - \bar{X}_i^2)} \tag{6-2}$$

$$\bar{x}_i = \frac{1}{n}\sum_{j=1}^{n} X_{ij} \tag{6-3}$$

式中:σ_i 为各项几何偏差的标准差;$i=1,2,\cdots,7$,分别为左高低、右高低、左轨向、右轨向、轨距、水平、三角坑;X_{ij} 为在 200 m 区段中各项几何偏差的幅值;$j=1,2,\cdots,n$;n 为采样点的个数(200 m 区段中每隔 0.25 m 采集一个点,$n=800$)。

（5）TQI 的管理。

既有线路不同速度等级高速铁路 200 m 区段 TQI 及单项标准见表 6-17。

表 6-17　200 m 区段 TQI 及单项标准　　　　mm

速度等级	高低	轨向	轨距	水平	三角坑	TQI
$V \leqslant 100$	2.5×2	2.2×2	1.6	1.9	2.1	15
$100<V\leqslant120$	2.5×2	1.8×2	1.5	1.9	2.0	14
$120<V\leqslant160$	1.8×2	1.4×2	1.3	1.6	1.7	11
$160<V<200$	1.5×2	1.1×2	1.1	1.3	1.4	9
$200\leqslant V\leqslant250$	1.4×2	1.0×2	0.9	1.1	1.2	8
$250<V\leqslant300$	0.8×2	0.7×2	0.6	0.7	0.7	5
$300<V\leqslant350$	2.0×2	1.5×2	波长 42~120 m,区段长 500 m			

注:除注明外,适用于轨道不平顺波长为 42 m 以下。

（三）轨道几何状态测量仪

轨道几何状态测量仪,简称轨检仪,俗称轨检小车,由轨道内部参数测量单元(可测量:轨距、超高、轨向、高低)和外部参数测量单元(可测量:轨道空间位置、横向和高程偏差)组成,其中内部参数测量单元可独立测量,外部参数测量单元需与其他测量设备(全站仪、CPⅢ棱镜组等)配合测量。轨道几何状态测量对高速铁路道床结构的铺设、长轨铺设、长钢轨精调和后期维护有着重要意义。

1. 轨检仪的分类

高速铁路轨道测量主要是利用专门的测量设备，能够直接测量轨道内部参数、外部参数、轨道平顺性。常见的主要测量设备有高精度带自动马达的全站仪(俗称测量机器人)和轨道几何状态测量仪，辅助测量设备还包括 CPⅢ装置及棱镜、轨道尺等。

轨检仪的按照测量方式及测量的轨道参数，可分为静态测量的轨检仪和移动测量的轨检仪。其中：静态测量的轨检仪，也称绝对测量小车，可以静态测量的轨道内部参数有轨距、超高，以及轨道空间位置、轨道偏差等外部参数；移动测量的轨检仪，也称相对测量小车，可以移动测量的轨道内部参数有轨距、超高、轨向、高低，无外部参数测量。

近年来，国内厂家还综合绝对测量小车和相对测量小车的优缺点，研制出兼有相对和绝对测量小车功能的快速测量小车，也称绝对+相对测量小车，其不仅可以移动测量轨道内部参数，还可以测量轨道的外部参数。

2. 轨检仪的行业标准

在我国使用的轨检仪必须满足中华人民共和国铁道行业标准《铁路轨道检查仪》(TB/T 3147—2020)，用于行车速度大于 200 km/h 的客运专线的轨检仪必须达到 0 级轨检仪的标准，1 级轨检仪用于线路允许速度不大于 200 km/h 的普通铁路。

3. 南方 MEASLLEY 轨检小车

MEASLLEY 轨检小车是南方高铁研发生产的 0 级轨检小车。其结构示意图如图 6-29 所示。

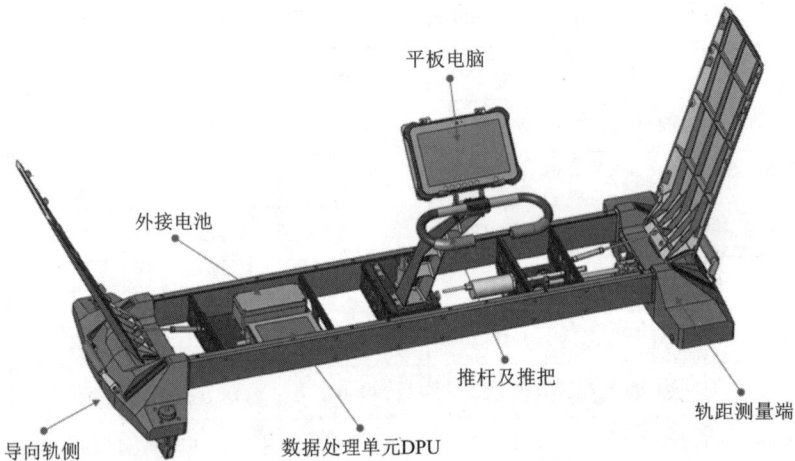

图 6-29 MEASLLEY 轨检小车

MEASLLEY 轨检小车的配套设备如图 6-30 所示。

MEASLLEY 轨检小车全站仪端的设备连接如图 6-31 所示。

MEASLLEY 轨检小车小车端的设备连接如图 6-32 所示。

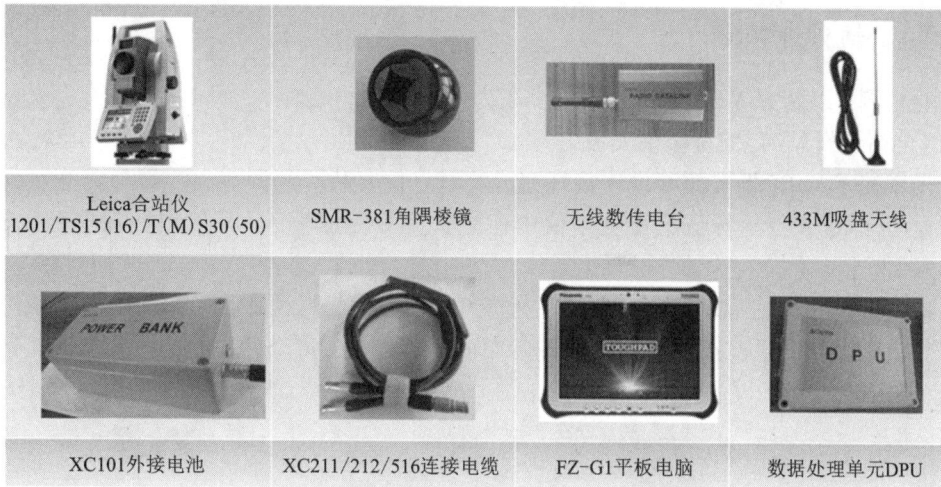

| Leica合站仪 1201/TS15(16)/T(M)S30(50) | SMR-381角隅棱镜 | 无线数传电台 | 433M吸盘天线 |
| XC101外接电池 | XC211/212/516连接电缆 | FZ-G1平板电脑 | 数据处理单元DPU |

图 6-30 MEASLLEY 轨检小车的配套设备

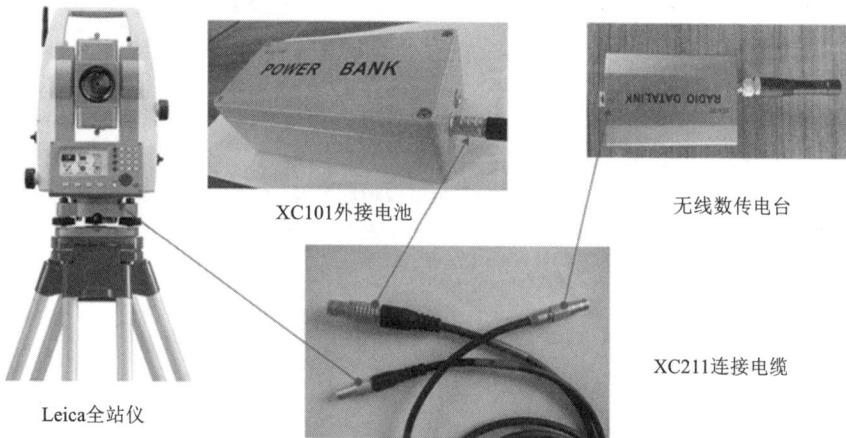

XC101外接电池

无线数传电台

XC211连接电缆

Leica全站仪

图 6-31 MEASLLEY 轨检小车全站仪端的设备连接

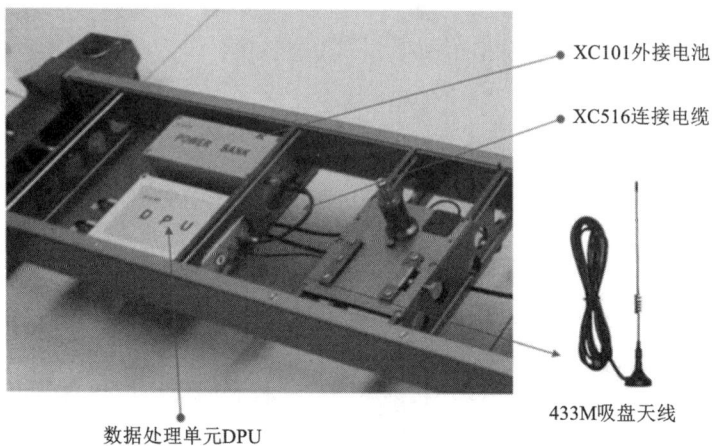

XC101外接电池

XC516连接电缆

数据处理单元DPU

433M吸盘天线

图 6-32 MEASLLEY 轨检小车小车端的设备连接

(四)长轨外业精测

外业精测,以南方 MEASLLEY 轨检小车为例。

(1)全站仪设站与 CPⅢ棱镜安装。

首先用棱镜和 CPⅢ平面测量连接杆完成测量点位安装。

根据已知 CPⅢ点坐标数据在全站仪中建立文件夹完成输入(可以提前在电脑端将已知数据存入 CF 卡中)。

全站仪架设在本站远端,轨检小车由远及近地完成测量,如图 6-33 所示。利用全站仪后方交会完成设站,并查看设站精度。最后完成电台连接,将全站仪对准轨检小车棱镜。

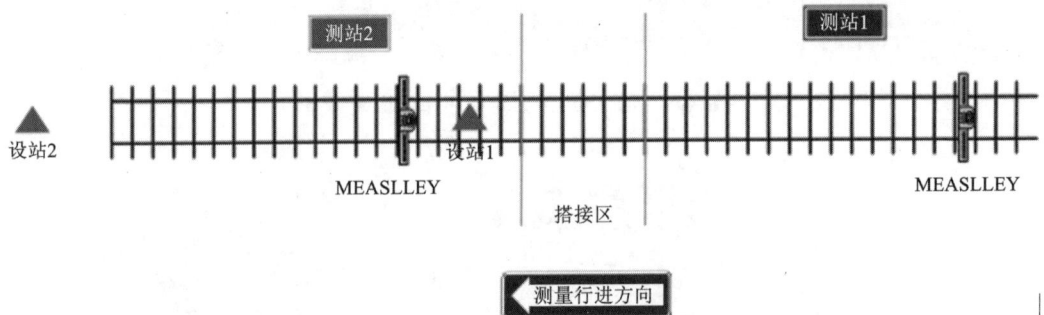

图 6-33　全站仪设站示意图

(2)小车调试。

(3)首先完成设备连接。DPU、电池、平板电脑、天线以及连接线的安装。

(4)打开采集软件,设置作业项目。完成全站仪与电台连接。

(5)标定传感器。

(6)打开"轨道检测""常规测量";点击"测量选项",设置线路、导向轨、测量方向;点"测量",测量完成,自动保存测量数据;将轨检小车向前推行到下一个轨枕,继续测量,直至完成一个测站的测量(建议测站长度≤65 m)。

(7)全站仪搬站,完成设站;轨检小车回撤 5~10 个轨枕,作为测站检搭接区,完成新的测站测量。

(8)数据导出。得到轨检数据成果文件(* . xml)。

(五)内业模拟调整

采集完轨道数据后,在装有精调软件的计算机上进行内业模拟调整,如图 6-34 所示,使轨道达到平顺性要求,为外业轨道精调提供工作报表。

1.模拟调整基本原则

(1)明确基准轨。平面位置和轨向以外轨为基准,高程和高低以内轨为基准。

(2)先轨向,后轨距;先高低,后水平。先调整平面基准轨的轨向,再根据轨距调整对面轨;先调整高程基准轨的高低,再根据水平调整对面轨。

（3）发现 10~20 m 的周期不平顺区域，采用"削峰填谷"的方式调整轨道线型。

（4）最终保证轨向、高低、轨距、水平、三角坑等指标满足要求。

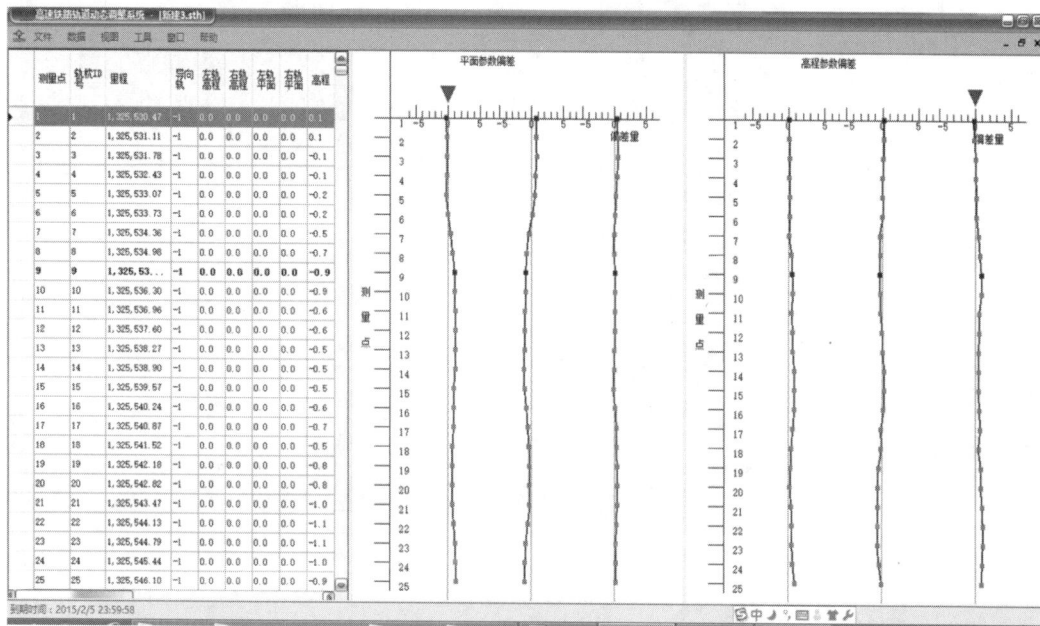

图 6-34　模拟调整软件

2. 调整快捷键

内业模拟调整的快捷键由计算机键盘中的 Ctrl、Alt、↑、↓、shift 键组成。

在平面参数调整中：

Ctrl 和↑：同时按下一次表示将左轨右调 1 mm。

Ctrl 和↓：同时按下一次表示将左轨左调 1 mm。

Alt 和↑：同时按下一次表示将右轨右调 1 mm。

Alt 和↓：同时按下一次表示将右轨左调 1 mm。

如果调整量较大，可多次按下↑、↓键。

在高程参数调整中：

Ctrl 和↑：同时按下一次表示将左轨调高 1 mm。

Ctrl 和↓：同时按下一次表示将左轨调低 1 mm。

Alt 和↑：同时按下一次表示将右轨调高 1 mm。

Alt 和↓：同时按下一次表示将右轨调低 1 mm。

通过鼠标点击或者在键盘上按↑、↓键，选择需要调整的轨枕号进行调整。对于连续需要调整的轨枕，可以通过鼠标框选或者按 shift+（↑、↓）实现批量调整。

3. 参数设置

在"工具"菜单的"选项"中可对相关参数进行限值 Ⅰ 下限和限值 Ⅱ 下限的设置，如图 6-35 所示，便于更好地指导调整。如果偏差在限值 Ⅰ 下限和限值 Ⅱ 下限之间，表格中的数据可标黄提示，如果偏差超过限值Ⅱ下限，表格中的数据可标红报警。

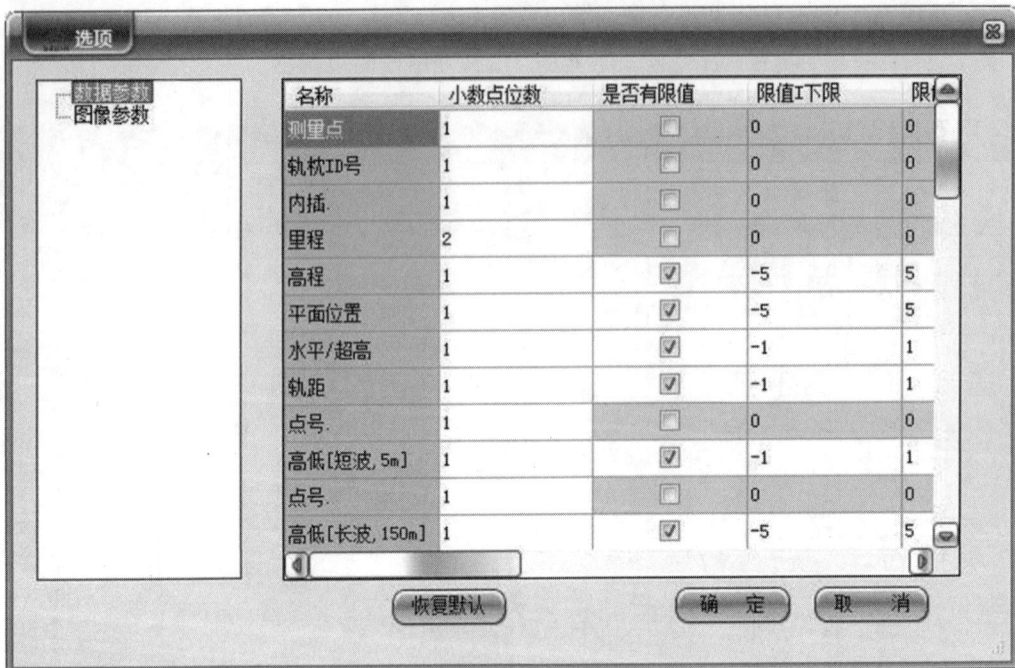

图 6-35　限值设置

4. 统计分析

调整后的结果可从"工具"菜单中进行"统计分析",如图 6-36 所示,便于对轨道进行评价以及准备调整件。统计分析的结果也可导出为 Excel 文件。一般调整时,在达到线路需要的 TQI 值的前提下,调整量越少越好,这就意味着外业调整时工作量最少。

	调整量	垫板总数	左轨高程	右轨高程	高程调整百分比
▶	-1	3382	121	116	7.01%
	-3	3382	0	1	0.03%
	1	3382	121	198	9.43%
	-2	3382	0	0	0%
	-5	3382	0	0	0%
	-4	3382	0	0	0%
	2	3382	11	5	0.47%
	3	3382	0	0	0%
	4	3382	0	0	0%
				总百分比	16.94%

图 6-36　调整量统计

128

5. 注意事项

在模拟调整时，平面和高程应分开进行，否则难以调整。

TQI 是高低、轨向、轨距、水平和三角坑的动态检测数据的统计结果。因此，为使 TQI 达到高速铁路限制 5 以下标准，不能仅对标红数据进行调整，必要时还要对标黄数据甚至没有颜色数据进行调整，边调边看。

（六）外业精调

无砟轨道在施工完成后就不能做大的调整，由于施工误差及线下基础沉降所引起的轨道变形，只能依靠更换轨距挡板和轨下垫板进行微量的调整。

（1）轨距轨向调整，通过更换轨距挡板来实现。

更换不同宽度的轨距挡板，W300-1 扣件系统每股实现±8 mm，整体实现±16 mm 范围的横向调节，每步调节 1.0 mm。不同扣件调整量不同。

（2）高低水平调整，通过更换垫片实现。

W300-1 扣件系统的高程调整范围为+56/-4 mm。上调范围大，下调范围小。

（3）调整步骤：

①现场标识（用石笔在钢轨表面或轨腰处标记调整件的型号，字迹要清晰）。

②调整件摆放（分发调整件，确保正确无误）。

③松扣件（用双头螺杆紧固器或扳手进行）。

④扣件更换（及时清扫，确保作业面干净、整洁）。

⑤紧固扣件。

⑥扣件复查复测（调整过的线路及时进行检查测量，确保现场精调作业质量）。

⑦标准件归类（调换下的扣件分类整理）。

单元七　工程变形监测

本单元系统地介绍了变形及变形监测的概念、对工程进行变形监测的目的和意义，以及道路相关工程变形监测的具体实施流程与方法。通过本单元的学习，了解变形监测的基本内容，对变形分析有一定的认识，掌握工程变形监测的实施过程。

一、工程变形监测及其内容

(一)工程变形监测

变形，包括外部变形和内部变形两个方面：外部变形是指变形体外部形状及其空间位置的变化，如倾斜、裂缝、垂直和水平位移等(因此变形监测又可分为倾斜监测、裂缝监测、垂直位移监测(常称为沉降监测)、水平位移监测(常称为位移监测)、挠度(建筑的基础、上部结构或构件等在弯矩作用下因挠曲引起的垂直于轴线的线位移)监测、风振监测(对受强风作用而产生的变形进行监测)、日照监测(对受阳光照射受热不均而产生的变形进行监测)以及基坑回弹监测(对基坑开挖时由于卸除土的自重而引起坑底土隆起的现象进行监测)等。内部变形则是指变形体内部应力、温度、水位、渗流、渗压等的变化。)

变形在一定范围内被认为是允许的，如果超出允许值，则可能引发事故和灾难。例如地震、滑坡、岩崩、火山爆发、溃坝、桥梁与建筑物的倒塌等，如图7-1所示。

图 7-1

通常,测量人员主要负责外部变形的监测,而内部变形的监测一般由其他相关人员进行。与常规测量相比,变形监测的一个显著特点就是测量精度要求较高,一般性的也要达到毫米级,重要的、变形比较敏感的则要达到 0.1 mm 甚至 0.01 mm。因此,变形监测多属于精密测量。

变形监测又称为变形测量或变形观测,变形监测是对设置在变形体上的观测点进行周期性地重复观测,求得观测点各周期相对于首期的点位或高程的变化量。变形体用一定数量的有代表性的位于变形体上的离散点(称监测点或目标点)来代表,监测点的变形可以描述变形体的变形。最具代表性的变形体有桥梁、隧道、高层建筑物和边坡等。

变形监测分为以下两类:

(1)静态变形监测,静态变形是时间的函数,观测结果只表示某一期间内的变形。静态变形通过周期测量得到。

(2)动态变形监测,动态变形指在外力(如风、阳光)作用下产生的变形,它是以外力为函数表示的。动态变形需通过持续监测得到。

变形监测的对象,一是区域性变形研究,如地壳变形监测、城市地面沉降;二是工程和局部性变形研究。工程变形监测一般包括工程建(构)筑物及其设备以及其他与工程建设有关的自然或人工对象,这是本单元研究的主要内容。

(二)工程变形监测的内容

变形监测的内容,应根据变形体的性质和地基情况决定。对工程建筑物而言,主要是水平位移、垂直位移、渗透及裂缝监测,这些内容称为外部监测。为了了解建筑物(如大坝)内部结构的情况,还应对混凝土应力、钢筋应力、温度等进行监测,这些内容常称为内部监测。在进行变形监测数据处理时,特别是对变形原因作物理解释时,必须将内、外观测资料结合起来进行分析。

工程变形监测的内容主要包括对各工程变形体进行的水平位移、垂直位移的监测。对变形体进行偏移、倾斜、挠度、弯曲、扭转、裂缝等监测,主要是指对所描述的变形体自身形变和位移的几何量的监测。水平位移是监测点在平面上的变动,一般可分解到某一特定方向;垂直位移是监测点在铅直面或大地水准面法线方向上的变动。偏移、倾斜、挠度等也可归结为监测点(或变形体)的水平或者垂直位移变化。偏移和挠度可以看作是变形点在某一特定方向的水平位移;倾斜既可以换算成水平或垂直位移,也可以通过水平或垂直位移测量和距离测量得到。对某一具体工程的监测工作而言,监测内容应根据工程变形体的性质及其地基情况来确定。通常要求有明确的针对性,既要有监测的重点,又要作全面考虑,以便能正确地反映出变形体的变化情况,达到监视变形体的安全、掌握其变形规律的目的。

(1)工业与民用建筑物监测。

普通的工业与民用建筑物,其监测内容主要包括基础的沉降观测和建筑物本身变形的观测。基础的沉降是指建筑物基础的均匀沉降与非均匀沉降;建筑物本身变形是指建筑物的倾斜与裂缝。对于高层及高耸建筑物,还必须进行动态变形监测;对于各种工业设备、工艺设施、导轨等,主要进行水平位移和垂直位移监测。

(2)水工建筑物监测。

对于水工建筑物,如土坝和混凝土重力坝等,主要是进行水平位移、垂直位移以及渗透、裂缝和伸缩缝等的监测，必要时还应对混凝土坝进行混凝土应力、钢筋应力、温度等的监测。对桥梁而言，其监测内容主要有桥墩沉陷监测、桥墩水平位移监测、桥墩倾斜监测、桥面沉陷监测、大型公路桥梁挠度监测及桥体裂缝监测等。

(3)地面沉降监测。

近年来，随着城市地下水被开发利用，大量地下水被抽取，久而久之将引起地面沉降。地下水抽取引起的地面沉降生成缓慢、持续时间长、影响范围广、成因机制复杂且防治难度大，对沉降区的生态环境、基础设施将产生严重的影响。因此，还应对工程项目的地面影响区域进行地面沉降监测，以掌握其沉降与回升的规律，进而采取有针对性的防护措施。

(三)工程变形监测的特点

(1)变形监测需要进行周期性重复观测，这是变形监测的最大特点。所谓周期性重复观测，就是多次的重复观测，第一次称初期观测或零周期观测。每一周期的观测内容及实施过程，如监测网形、监测仪器、监测的作业方法以及监测的人员等都要求一致。

(2)变形监测的精度要求较高。变形监测就是通过周期性重复观测找出建筑物的微小变化，这就要求变形监测必须有较高的精度，使用更加精密的观测仪器，采用更加合理科学的观测方法，得到更为精确的观测结果。

(3)多种观测技术手段的综合运用。随着科学技术的发展，变形监测的监测技术也日新月异，GNSS、摄影测量、三维扫描等先进手段和方法在变形监测中得到了应用。

(4)变形监测要对其监测结果作出明确结论。通过对观测数据的分析，判断建筑物的稳定性，从而得出建筑物是否发生变形的结论，以及预测建筑物未来的变化趋势。

二、工程变形监测的目的及意义

1963年，意大利262 m高的瓦依昂坝溃坝，仅7分钟，一座城市和几个小镇被吞没，死亡3000多人。据不完全统计，我国发生溃坝事故3000多起。已建水坝中，近4%先后发生溃坝事故。20世纪60年代，河北境内洪水泛滥，319座中小型水库失事(占35%)；1973年全国有500多起溃坝事故；1975年，板桥、石漫滩水库大坝失事，直捣淮河，受灾人口150万人。1985年6月12日长江三峡新滩大滑坡的成功预报，确保灾害损失减小到最低限度。滑区内457户1371人在滑坡前夕全部撤离，无一人死亡；险区内11艘客货轮船及时避险，减少直接经济损失8700万元。1998年，清江隔河岩大坝外观变形，GPS自动监测系统在长江流域抗洪错峰中发挥巨大作用，确保安全渡汛，避免荆江大堤灾难性分洪。

工程变形监测通过进行周期性的重复观测，掌握各种工程建(构)筑物的地质构造的稳定性，为安全性诊断提供必要的信息，以便发现问题并采取措施。

工程程变形监测的首要目的是掌握工程变形体的实际性状，为判断其是否安全提供必要的信息。保证工程项目建设安全是一个十分重要且很现实的问题，人类社会的进步和经济建设的快速发展加快了工程建设的进程，且现代工程建(构)筑物的规模逐步增大，造型更加复杂，施工难度亦较以前有所增加，因此变形监测工作对工程实施的意义也就更加重要。工程建(构)筑物在施工和运营期间，由于受多种主观和客观因素的影响，会产生变形，变形若超出了允许的限度，就会影响建(构)筑物的正常使用，严重时还会危及工程主体的安全，并带来巨大的经济损失。从实用上来看，变形监测工作可以保障工程安全监测各种工程建(构)筑物、机器设备以及与工程建设有关的地质构造的变形，及时发现异常变化，并对监测对象的稳定性、安全度作出判断，以便采取相应的处理措施，防止事故发生。所以，为了防止和减小变形对工程建设造成的损失，必须进行工程变形监测，同时为进一步进行变形分析和工程安全预测提供基础数据。

对于工程的安全性来说，监测是基础，分析是手段，预测是目的。科学、准确、及时地分析和预测工程及工程建(构)筑物的变形状况，对工程项目的施工和运营管理都极为重要，这一工作也属于变形监测的范畴。目前，变形监测技术已成为一门跨学科的应用型技术，并向边缘学科方向渗透发展。变形监测技术主要涉及变形信息的获取、变形信息的分析以及变形预测三个方面的内容。其研究成果对预防灾害及了解变形规律极为重要。对工程主体而言，变形监测除了作为判断其安全与否的手段之外，还是验证设计及检验施工安全的重要手段，它为工程主体的安全性诊断提供必要的信息，以便及时发现问题并采取补救措施，最终保障工程项目的安全施工与使用。

三、工程变形监测技术的现状及其发展趋势

(一)变形监测技术现状

变形监测技术是集多门技术学科于一体的综合应用型技术，主要发展于 20 世纪末期。伴随着电子技术、计算机技术、信息技术和空间技术的发展，变形监测的相关理论和方法也得到了长足发展。在工程和局部变形监测方面，地面常规测量技术、地面摄影测量技术、特殊和专用的测量手段，以及以 GNSS 为主的空间定位技术等均得到了较好的应用。

(1)地面常规测量技术。

地面常规测量技术主要是使用经纬仪、水准仪及全站仪等常规测量仪器，对变形体的变化进行观测，从而判断建筑物的变形。常规监测方法技术更趋成熟，设备精度、设备性能都具有很高水平。采用常规监测方法的位移监测可以达到毫米级的监测水平，高精度位移监测方法可以识别 0.1 mm 的位移变形。

地面常规测量技术的发展和完善与全站型仪器的广泛使用密切相关，尤其是全自动跟踪全站仪(测量机器人)，为局部工程变形的自动监测或室内监测提供了一种良好的技术手段，它可以进行一定范围内无人值守、全天候、全方位的自动监测。实际工程试验表明，测量机器人的监测精度可达亚毫米级。其最大的缺陷是受测程限制，测站点一般都在变形区域的范围之内。

(2)地面摄影测量技术。

地面摄影测量技术在变形监测中的应用虽然起步较早，但是由于摄影距离不能过远，加上绝对精度较低，使得其应用受到限制，过去仅大量应用于高塔、烟筒、古建筑、船闸、边坡体等的变形监测。近几年发展起来的数字摄影测量和实时摄影测量为地面摄影测量技术在变形监测中的深入应用开拓了非常广阔的前景。

(3)特殊和专用的测量手段。

随着光、机、目电技术的发展，研究人员研制了一些特殊和专用的仪器，可用于变形的自动监测、准直测量和倾斜测量。例如，遥测垂线坐标仪采用自动读数设备，其分辨率可达

0.01 mm，采用光纤传感器测量系统可将信号测量与信号传输合二为一，具有很强的抗雷击、抗电磁干扰和抗恶劣环境的能力，便于组成遥测系统，实现在线分布式监测。

（4）GNSS空间定位技术。

GNSS作为一种全新的现代空间定位技术，已逐渐在诸多领域中取代了常规光学和电子测量仪器。现在，GNSS技术也已应用于主体工程变形监测中，且取得了极为丰富的理论研究成果，并逐步走向实用阶段。GNSS技术用于变形监测的作业方式可分为周期性和连续性两种模式。

（二）变形监测技术发展趋势

变形监测技术未来的发展方向主要有以下几个方面：

（1）多种传感器、数字近景摄影、全自动跟踪全站仪和GNSS的应用，将向实时、连续、高效、自动化、动态监测系统的方向发展。

（2）变形监测的时空采样率会得到大大提高，变形监测自动化为变形分析提供了极为丰富的数据信息。

（3）可靠、实用、先进的监测仪器和自动化的监测系统，要求在恶劣环境下能长期稳定、可靠地运行。

（4）远程在线实时监控的实现，在大坝、边坡等工程监测中将发挥巨大作用，网络监控是推进重大主体工程安全监控管理的发展之路。

（5）3D激光扫描技术。3D激光扫描技术是20世纪90年代中期开始出现的一项高新技术，是继GNSS空间定位技术之后又一项测绘技术新突破。它通过高速激光扫描测量的方法，大面积、高分辨率地快速获取被测对象表面的三维坐标数据，可以快速、大量、高精度地获取空间点位及其变化信息。

四、沉降监测

沉降监测又称沉陷测量，或垂直位移监测，是测定变形体的高程随时间而产生的位移大小、位移方向，解释原因，并提供变形趋势及稳定预报而进行的测量工作。本节介绍了沉降产生的主要原因、沉降监测的目的、沉降监测控制网布设方法、沉降监测原理、监测要求，重点介绍了采用精密水准测量方法对建筑物沉降进行监测。

（一）概述

沉降监测也称垂直位移监测，是指测定工程建筑物上事先设置的沉降监测点相对于高程基准点的高差变化量（即沉降量）、沉降差及沉降速度，并根据需要计算基础倾斜、局部倾斜、相对弯曲及构件倾斜，绘制沉降量随时间及荷载变化的曲线等。建筑物沉降监测应该在基坑开挖之前进行，并且贯穿于整个施工过程中，而且延续到建成后若干年，直到沉降现象基本停止为止。

1. 沉降监测的目的

监测建筑物在垂直方向上的位移（沉降），以确保建筑物及其周围环境的安全。建筑物沉降监测应测定建筑物地基的沉降量、沉降差及沉降速度，并计算基础倾斜、局部倾斜、相对弯曲及构件倾斜。

2. 沉降产生的主要原因

(1)与地基土的力学性质和地基的处理方式有关。

(2)与建筑物基础的设计有关。

(3)与建筑物的上部结构有关,即与建筑物基础的荷载有关。

(4)施工中地下水的升降对建筑物沉降也有较大的影响。

(5)受周围施工等活动的影响。

3. 沉降监测的原理

定期地观测监测点相对于基准水准点的高差,进而计算监测点的高程,并将不同时间所得同一监测点的高程加以比较,从而得出监测点在该时间段内的沉降量。

(二)沉降监测的基本要求

1. 仪器设备、人员素质的要求

根据沉降监测精度要求高的特点,为能精确地反映出建筑物在不断加荷下的沉降情况,一般规定测量的误差应小于变形值的 1/20~1/10,要求沉降监测使用精密水准仪(S 或 Ss 级),水准尺也应使用受环境及温差变化影响小的高精度钢瓦合金水准尺。在不具备钢瓦合金水准尺的情况下,使用一般塔尺时应尽量使用第一段标尺。

作业人员必须接受专业学习及技能培训,熟练掌握仪器的操作规程,熟悉测量理论,能针对不同工程特点、具体情况采用不同的观测方法及观测程序,对实施过程中出现的问题能分析原因并正确运用误差理论进行平差计算,按时、快速、精确地完成每次观测任务。

2. 观测时间的要求

建筑物的沉降监测对时间有严格的限制要求,特别是首次观测必须按时进行,其他各阶段的复测必须根据工程进展情况定时进行,不得漏测或补测。只有这样,才能得到准确的沉降情况或规律。相邻的两次时间间隔称为一个观测周期,一般高层建筑物的沉降监测按一定的时间段为一个观测周期(如 30 d/次),或按建筑物的加荷情况每升高一层(或数层)为一个观测周期。无论采取何种观测方法都必须按施测方案中规定的观测周期准时进行。

3. 沉降监测自始至终要遵循"五定"原则

"五定"即沉降监测依据的基准点、工作基点和被观测物的沉降监测点点位要稳定,所用仪器、设备要稳定,观测人员要稳定,观测时的环境条件要基本一致;观测路线、镜位、程序和方法要固定。以上措施可以从客观上尽量减少观测误差的不定性,使所测的结果具有统一的趋向性,保证各次复测结果与首次观测的结果具有可比性,使所观测的沉降量更真实。

4. 施测的要求

要熟练掌握仪器设备的操作方法与观测程序。在首次观测前要对所用仪器的各项指标进行检测校正,必要时经计量单位予以鉴定。连续使用 3~6 个月后重新对所用仪器、设备进行检校。在观测过程中,操作人员要相互配合,工作协调一致,认真仔细,做到步步有校核。

5. 沉降监测精度的要求

根据建筑物的特性和建设、设计单位的要求选择沉降监测精度的等级。在无特殊要求的情况下,一般采用二等水准测量的观测方法就能满足沉降监测的要求。沉降监测成果整理及计算的要求原始数据要真实可靠记录计算,要符合施工测量规范的要求,按照依据正确、严谨有序、步步校核结果有效的原则进行成果整理及计算。

(三)沉降监测方法

沉降监测一般需要进行精密高程测量，目前精密高程测量的方法主要有精密水准测量和精密三角高程测量。虽然目前的 GNSS 测量的平面精度较高，但在高程测量精度方面还是无法代替精密水准测量和精密三角高程测量。

精密水准测量的精度，要求每千米往返测量高差平均值的总中误差不超过±2 mm，根据测段往返测闭合差计算的每千米偶然误差不超过±1 mm，系统误差不超过±2 mm。我国将一、二等水准测量称为精密水准测量，需按照《国家一、二等水准测量规范》(GB/T 12897—2006)进行施测。

随着全站仪技术的不断完善，目前研究证实采用精密全站仪进行三角高程测量，可以达到二等水准测量精度。

(四)沉降监测点布设要求

沉降监测测量点分为沉降监测基准点、工作基点和监测点三种。

工作基点用于直接测定监测点的起点或终点，应布置在变形区附近相对稳定的地方，一般采用地表岩石标。当建筑物附近的覆盖层较深时，可采用浅埋标志；当新建建筑物附近有基础稳定的建筑物时，也可设置在该建筑物上。因工作基点位于测区附近，应经常与沉降监测点进行联测，通过联测结果判断其稳定状况，保证监测成果的正确、可靠。

监测点是沉降监测点的简称，布设在被监测的建筑物上。布设时，要使其位于建筑物的特征点上，能充分反映建筑物的沉降变化情况。点位应当避开障碍物，便于观测和长期保存，标志应稳固，不影响建筑物的美观和使用。还要考虑建筑物基础地质、建筑结构、应力分布等，对重要和薄弱部位应适当增加监测点的数目。

沉降监测测量点的布设应符合下列要求：

(1)基准点应布设在变形区域以外、位置稳定且易于长期保存的地方。当基准点距离所测建筑物较远致使变形监测作业不方便时，应设置工作基点。

(2)每一测区的水准基点个数，特级沉降观测的基准点不应少于 4 个，其他级别的沉降观测的基准点不应少于 3 个，对于小测区，当确认点位稳定可靠时可少于 3 个，但连同工作基点不得少于 3 个。水准基点的标石，应埋设在基岩层或原状土层中。在建筑区内，点位与邻近建筑物的距离应大于建筑物基础最大宽度的 2 倍，其标石埋深应大于邻近建筑物基础的深度。在建筑物内部的点位，其标石埋深应大于地基土压缩层的深度。

(3)工作基点与联系点布设的位置应视构网需要确定。作为工作基点的水准点的位置与邻近建筑物的距离不得小于建筑物基础深度的 1.5~2.0 倍。工作基点与联系点也可在稳定的永久性建筑物墙体或基础上设置。

(4)各类水准点应避开交通干道、地下管线、仓库、水源地河岸、松软填土滑坡地段、机器震动区，以及其他易使标石、标志遭腐蚀和破坏的地点。

(5)基准点工作基点之间应便于进行水准测量。

(五)沉降监测的实施

1.制订观测计划

在精密水准测量实施前，测量人员需要了解和分析测区的有关资料，根据测区的位置、坡度、自然环境、交通和气候特点等情况制订观测计划。

（1）确定水准测量路线。

考虑精密水准测量的特点，尽量选择地势平坦、障碍物少、交通不是很繁忙的地方。

（2）作业人员的选择。

精密水准测量精度要求较高，测量难度大，应选择业务熟练、责任心强的作业人员，一般一个观测组需要观测员1人、扶尺2人、打伞1人。水准测量是一项需要团队合作才能完成的测量任务，每个环节都至关重要，要求每个人都要认真负责，密切配合。

（3）仪器的检查与校正。

根据《国家一、二等水准测量规范》（GB/T 12897—2006）的要求，精密水准测量实施前必须对水准仪和水准尺进行检查与校正，重点是对圆水准器和i角的检查与校正。

2. 精密水准测量外业观测要求

（1）观测前30 min，应将仪器置于露天阴影处，使仪器与外界气温趋于一致；观测时应用测伞遮蔽阳光；迁站时应罩以仪器罩。

（2）仪器距前、后视水准标尺的距离应尽量相等，其差应小于规定的限值。二等水准测量中规定，一测站前、后视距差应小于1.5 m，前、后视距累积差应小于3 m。这样，可以消除或削弱与距离有关的各种误差对观测高差的影响，如i角误差和垂直折光等影响。

（3）对于自动安平水准仪的圆水准器，须严格置平。

（4）同一测站上观测时，不得两次调焦；转动仪器的倾斜螺旋和测微螺旋，其最后旋转方向均应为旋进，以避免倾斜螺旋和测微器隙动差对观测成果的影响。

（5）在两相邻测站上，应按奇、偶数测站的观测程序进行观测。往测时，奇数测站按"后前前后"，偶数测站按"前后后前"的观测程序在相邻测站上交替进行；返测时，奇数测站与偶数测站的观测程序与往测时相反，即奇数测站由前视开始，偶数测站由后视开始。这样的观测程序可以消除或减弱与时间成比例均匀变化的误差对观测高差的影响，如i角的变化和仪器的垂直位移等影响。

（6）在连续各测站上安置水准仪的三脚架时，应使其中两脚与水准路线的方向平行，而第三脚螺旋轮换置于路线方向的左侧与右侧。

（7）除路线转弯处外，每一测站上仪器与前、后视标尺的三个位置，应接近一条直线。不应为了增加标尺读数，而把尺桩（台）安置在壕坑中。

（8）每一测段的往测与返测，其测站数均应为偶数。由往测转向返测时，两支标尺应互换位置，并应重新整置仪器。

（9）对于数字水准仪，应避免望远镜直接对着太阳；尽量避免视线被遮挡，遮挡不要超过标尺在望远镜中截长的20%；仪器只能在厂方规定的温度范围内工作；确信震动源造成的震动消失后，才能启动测量键。

（10）水准测量的观测工作间歇时，最好能结束在固定的水准点上，否则，应选择两个坚稳可靠、光滑突出、便于放置水准标尺的固定点，作为间歇点加以标记。间歇后，应对两个间歇点的高差进行检测。

（11）记录表中应记录水准标尺和仪器编号；记录天气、风向、观测日期、时间等。

参考文献

［1］曹毅. 工程测量［M］. 北京：中国铁道出版社, 2013.

［2］黄小兵, 张进锋. 工程测量基础［M］. 长沙：中南大学出版社, 2020.

［3］王桔林. 工程测量实训报告及指导书［M］. 长春：东北师范大学出版社, 2014.

［4］王桔林. 高速铁路精测控制网及无砟轨道板精调测量技术［M］. 北京：中国铁道出版社, 2011.

［5］中华人民共和国住房和城乡建设部. 工程测量标准（GB 50026—2020）［S］. 北京：中国计划出版社, 2020.

［6］王兆祥. 铁道工程测量［M］. 北京：中国铁道出版社. 1998.

图书在版编目(CIP)数据

铁路工程测量／谭向荣，黄小兵，张鹏飞主编. —长沙：
中南大学出版社，2023.7

高职高专土建类"十三五"规划"互联网+"系列教材
ISBN 978-7-5487-5239-4

Ⅰ.①铁… Ⅱ.①谭… ②黄… ③张… Ⅲ.①铁路测量—
高等职业教育—教材 Ⅳ.①U212.24

中国国家版本馆 CIP 数据核字(2023)第 017510 号

铁路工程测量

谭向荣　黄小兵　张鹏飞　主编

□出 版 人	吴湘华
□策划编辑	周兴武　谭 平
□责任编辑	周兴武
□责任印制	李月腾
□出版发行	中南大学出版社
	社址：长沙市麓山南路　　邮编：410083
	发行科电话：0731-88876770　传真：0731-88710482
□印　　装	长沙雅鑫印务有限公司

□开　　本	787 mm×1092 mm 1/16　□印张 9.5　□字数 238 千字
□版　　次	2023 年 7 月第 1 版　　□印次 2023 年 7 月第 1 次印刷
□书　　号	ISBN 978-7-5487-5239-4
□定　　价	38.00 元